悠然惬意的四季花片钩编

Crochet flower motif

日本 E&G 创意／编著
蒋幼幼／译

中国纺织出版社有限公司

目录 *Contents*

花片

迷你玫瑰、玫瑰、爱尔兰玫瑰…p.5

1

2

3

勿忘草、报春花、喜林草、角堇…p.7

4

5

6

7

瑞香花、木瓜花…p.9

8

9

碧桃、樱花…p.11

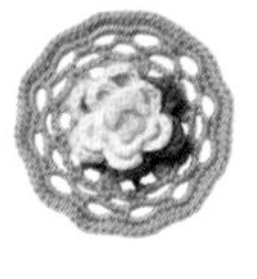
10

11

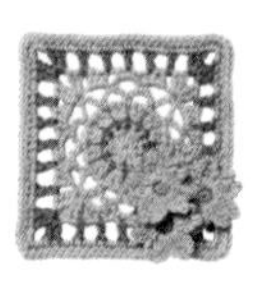
12

铁线莲、飞燕草…p.13

13

14

绣球花、安娜贝拉绣球花、马齿苋…p.14，15

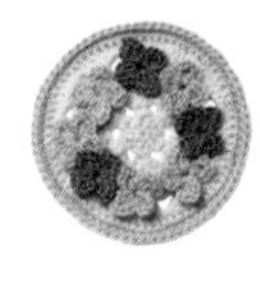
15

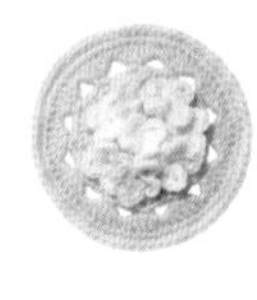
16

17

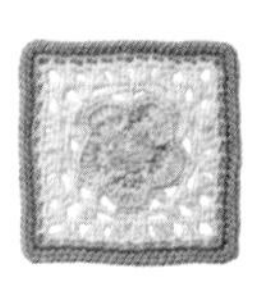
18

鸡蛋花、木槿花…p.16，17

19

20

21

22

大丽菊、百日菊…p.18，19

23

24

25

26

马鞭草…p.21

27

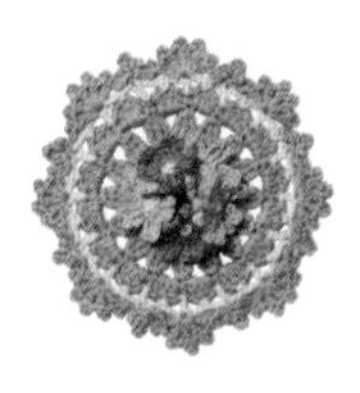
28

紫菀、龙胆花、紫芳草…p.23

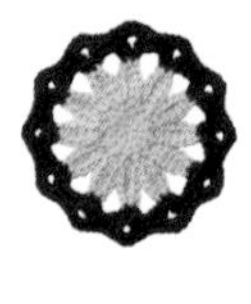
29

30

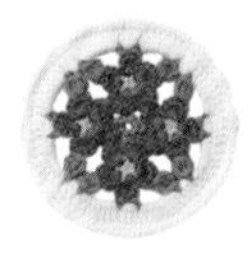
31

庭荠…p.25

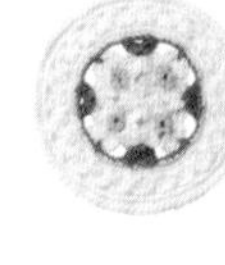
32

33

波斯菊、秋海棠、金桂…p.27

34

35

36

富贵菊、长寿花…p.29

37

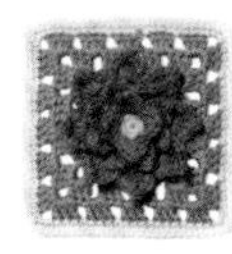
38

本书使用线材介绍…p.34
基础教程…p.34，35
重点教程…p.36 ~ 40
制作方法…p.41
钩针编织基础…p.76
刺绣基础…p.80

兰花、圣诞玫瑰…p.31

39

40

41

42

一品红、山茶花…p.32，33

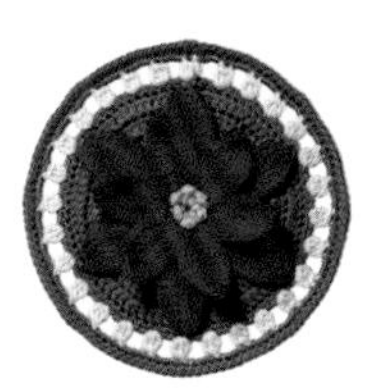
43

44

45

作品

爱尔兰玫瑰花片的扁平束口袋
p.4

角堇和喜林草花片的披肩
p.6

木瓜花片的托特包
p.8

铁线莲花片的束口袋
p.12

紫芳草花片的多用途盖巾
p.22

庭荠花片的收纳包
p.24

长寿花拼花盖毯
p.28

圣诞玫瑰花片的小物收纳盒
p.30

作品

爱尔兰玫瑰花片的扁平束口袋

制作方法 ... p.43
重点教程 ... p.36

用卷针缝缝合 2 片花片 *3*，
然后钩织出袋口部分。
这是一款形状扁平的束口袋，
放在包包里，
正好可以随身携带。

设计 & 制作 ... 河合真弓

1

迷你玫瑰

制作方法 ... p.41
重点教程 ... p.36
尺寸 ... 直径 10cm

2

玫瑰

制作方法 ... p.41
尺寸 ... 直径 10cm

3

爱尔兰玫瑰

制作方法 ... p.42
重点教程 ... p.36
尺寸 ...15cm×15cm

✤ 设计 & 制作 ... 河合真弓

作品

角堇和喜林草花片的披肩

制作方法 ... p.46

宛如一片花圃的披肩，
真想在春日里披着它出门啊！

设计 & 制作 ... 远藤裕美

4 勿忘草

制作方法 ... p.44
尺寸 ... 直径 10cm

5 报春花

制作方法 ... p.44
尺寸 ... 直径 10cm

6 喜林草

制作方法 ... p.45
尺寸 ...10cm×10cm

7 角堇

制作方法 ... p.45
尺寸 ...10cm×10cm

✤ 设计 & 制作 ... 远藤裕美

作品

木瓜花片的托特包

制作方法 ... p.49

用不同的配色钩织 8 片花片 *9*，
拼接后再钩上边缘和提手，
一款托特包就完成了。
如果按花片 *9* 相同的配色钩织，
会给人截然不同的印象。

⚜ 设计 & 制作 ... 冈真理子

8

瑞香花

制作方法 ... p.50
尺寸 ...10cm×10cm

9

木瓜花

制作方法 ... p.48
尺寸 ...10cm×10cm

✤ 设计 & 制作 ... 冈真理子

花片 *11* 和 *12* 也可以用作杯垫。
在下午茶等悠闲时光，
何不尝试一下可爱的樱花杯垫?

✤ 设计 & 制作 ... 池上舞

10

碧桃

制作方法 ... p.51
尺寸 ... 直径10cm

11

12

樱花

制作方法 ... p.51
尺寸 ...10cm×10cm

✤ 设计 & 制作 ... 池上舞

作品

铁线莲花片的束口袋

制作方法 ... p.56

用不同的配色钩织 4 片花片 *13*，
再加上底部拼接而成。
宽底的实用设计令人欣喜。

✤ 设计 & 制作 ... 远藤裕美

花片

13

铁线莲

制作方法 ... p.56
尺寸 ...10cm×10cm

14

飞燕草

制作方法 ... p.55
尺寸 ...10cm×10cm

设计 & 制作 ... 远藤裕美

花片

15

绣球花

制作方法 ... p.58
尺寸 ... 直径 10cm

16

安娜贝拉绣球花

制作方法 ... p.58
尺寸 ... 直径 10cm

设计 & 制作 ... 池上舞

花片

17

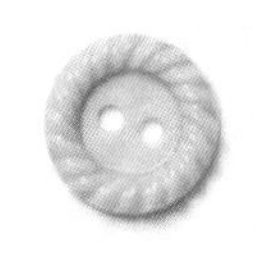

马齿苋

制作方法 ... p.59
尺寸 ...10cm×10cm

18

✤ 设计 & 制作 ... 池上舞

19

花片

鸡蛋花

制作方法 ... p.60
尺寸...10cm×10cm

20

设计 & 制作 ... 今村曜子

21

木槿花

制作方法 ... p.61
尺寸 ...15cm×15cm

花片

22

✤ 设计 & 制作 ... 今村曜子

23

花片

大丽菊

制作方法 ... p.62
重点教程 ... p.36
尺寸 ...10cm×10cm

24

✤ 设计 & 制作 ... 镰田惠美子

25

花片

百日菊

制作方法 ... p.63
重点教程 ... p.37
尺寸 ...10cm×10cm

26

✤ 设计 & 制作 ... 镰田惠美子

在正中心缝上小花的花片，
盖在瓶子或盒子上，
用作小盖巾也十分可爱。

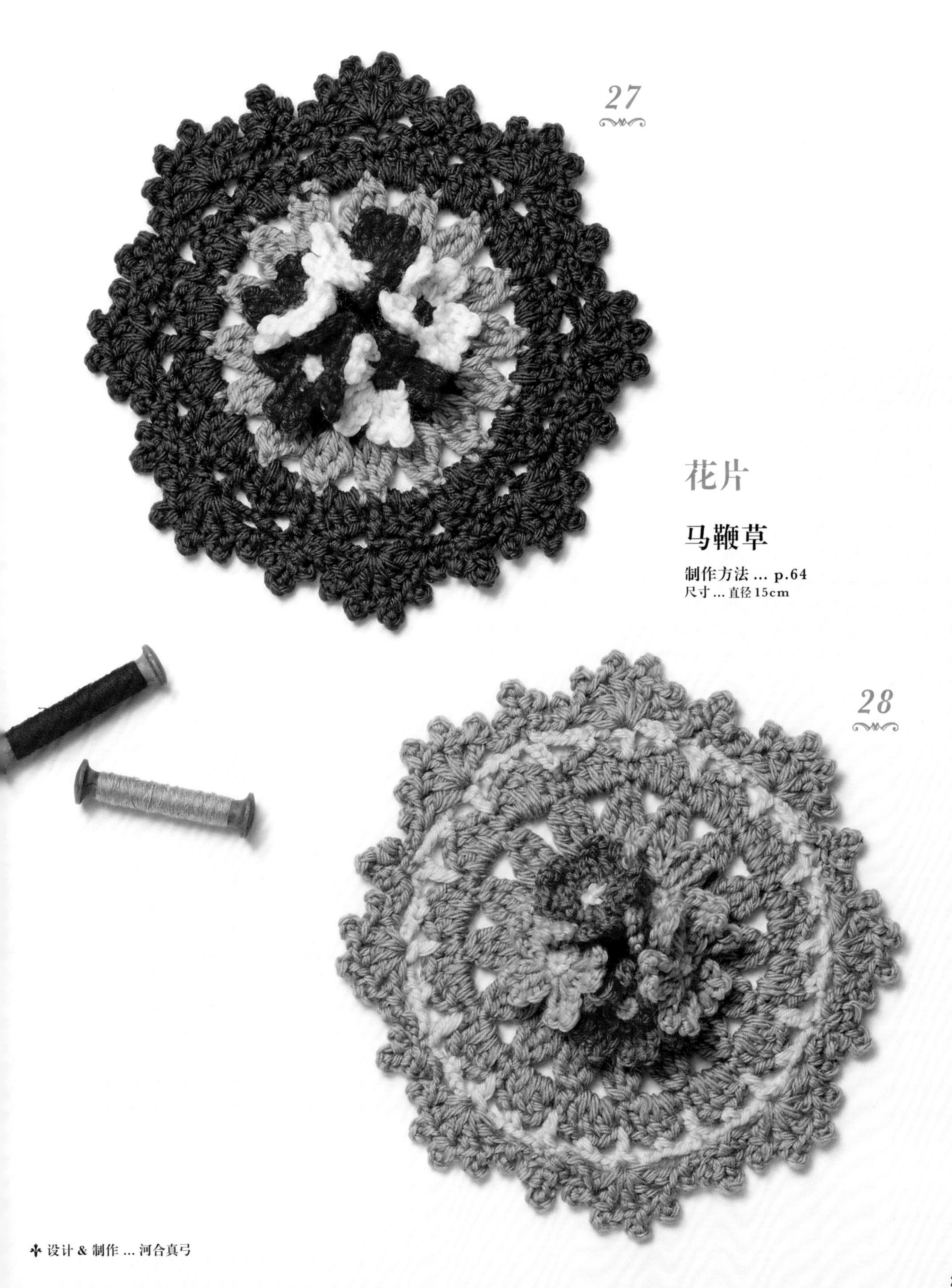

27

花片

马鞭草

制作方法 ... p.64
尺寸 ... 直径15cm

28

✤ 设计 & 制作 ... 河合真弓

作品

紫芳草花片的多用途盖巾

制作方法 ... p.52

这是由 10 片花片 *31* 拼接而成的多用途盖巾，
也可以用作垫子，既漂亮又实用。
还可以根据需要增加花片数量，
试试各种不同用法吧！

✤ 设计 & 制作 ... 松本薰

花片

29

紫菀

制作方法 … p.54
尺寸 … 直径 10cm

30

龙胆花

制作方法 … p.54
尺寸 … 直径 10cm

31

紫芳草

制作方法 … p.52
尺寸 … 直径 10cm

✤ 设计 & 制作 … 松本薰

作品

庭荠花片的收纳包

制作方法 ... p.66

将花片 *32* 换一种配色钩织 2 片，
再在周围钩上边缘，
最后制作成用纽扣开合的收纳包。
4 朵小花分别换上不同的颜色，
就像绽放的小花圃一般。

✤ 设计 & 制作 ... 冈真理子

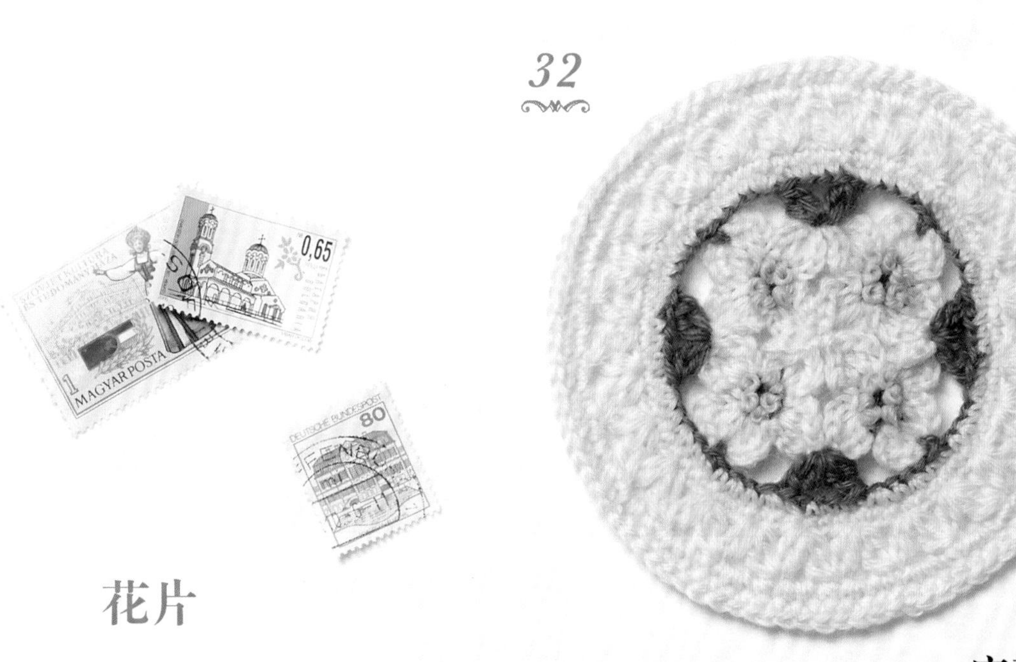

32

花片

庭荠

制作方法 ... p.66
尺寸 ... 直径 10cm

33

庭荠

制作方法 ... p.65
尺寸 ...15cm×15cm

设计 & 制作 ... 冈真理子

直径 15cm 的花片也可以用作小垫子。
不妨装饰在玄关或窗边试试看?

34

波斯菊

制作方法 ... p.70
尺寸 ...10cm×10cm

35

秋海棠

制作方法 ... p.70
尺寸 ...10cm×10cm

花片

36

金桂

制作方法 ... p.71
尺寸 ... 直径 15cm

设计 & 制作 ... 松本薰

作品

长寿花拼花盖毯

制作方法 ... p.73

这是一款由长寿花和纯色花片拼接而成的盖毯。
整体色调充满暖意，在寒冷的冬季应该很爱用吧。

✤ 设计 & 制作 ... 今村曜子

花片

37

富贵菊

制作方法 ... p.72
重点教程 ... p.39
尺寸 ...10cm×10cm

38

长寿花

制作方法 ... p.72
重点教程 ... p.38
尺寸 ...10cm×10cm

✣ 设计 & 制作 ... 今村曜子

作品

圣诞玫瑰花片的小物收纳盒

制作方法 ... p.69

变换一下花片 *41* 和 *42* 的配色，
钩织成立体的小物收纳盒。
再在里面放一个盒子，
就更加结实耐用了。

✤ 设计 & 制作 ... 镰田惠美子

花片

39

40

兰花

制作方法 ... p.67
重点教程 ... p.38
尺寸 ... 直径 10cm

42

圣诞玫瑰

制作方法 ... p.68
重点教程 ... p.40
尺寸 ...10cm×10cm

⚜ 设计 & 制作 ... 镰田惠美子

43

花片

一品红

制作方法 ... p.74
重点教程 ... p.39
尺寸 ... 直径15cm

设计 & 制作 ... 今村曜子

44

花片

山茶花

制作方法 ... p.75
重点教程 ... p.37
尺寸...15cm×15cm

45

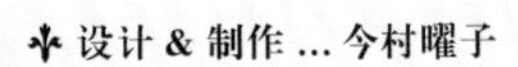

✤ 设计 & 制作 ... 今村曜子

本书使用线材介绍 *Material Guide*

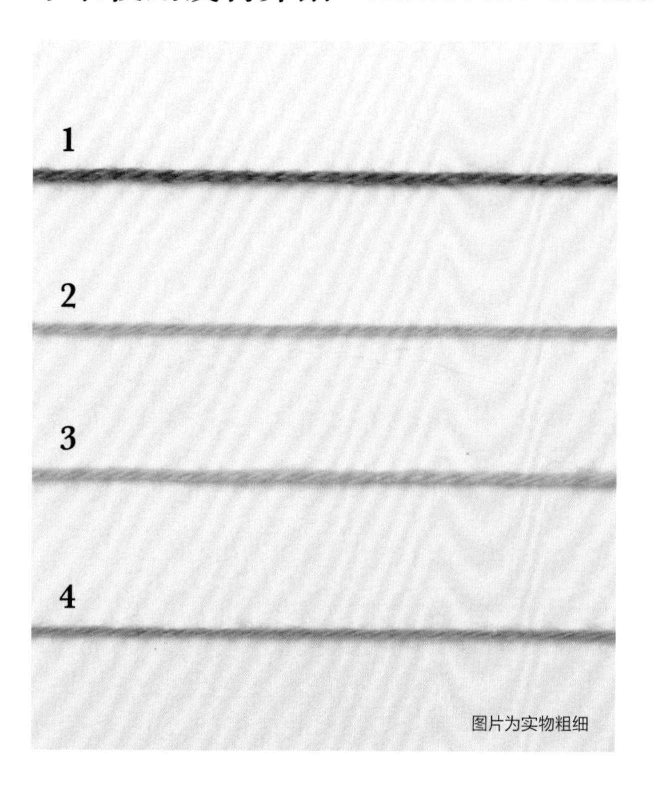

和麻纳卡株式会社（HAMANAKA）

1 Exceed Wool FL（粗）
羊毛100%（使用超细美利奴羊毛），40g/团，约120m，36色，钩针4/0号

2 中细纯羊毛
羊毛100%，40g/团，约160m，33色，钩针3/0号

3 RICH MORE Percent
羊毛100%，40g/团，约120m，100色，钩针4/0~5/0号

横田株式会社（DARUMA）

4 iroiro
羊毛100%，20g/团，约70m，50色，钩针4/0~5/0号

*为方便读者查阅，全书款式名称均保留英文。
*1~4自左向右表示为：线名→材质→规格→线长→颜色数→适用针号。
　一部分因为色号不同，材质上可能出现一定差异。
*颜色数为截至2019年6月的数据。
*因为印刷的关系，可能存在些许色差。
*有关线材问题的咨询详见p.80。

基础教程 *Basic Lesson*

✤内侧半针与外侧半针的挑针方法

·在内侧半针里挑针的情况

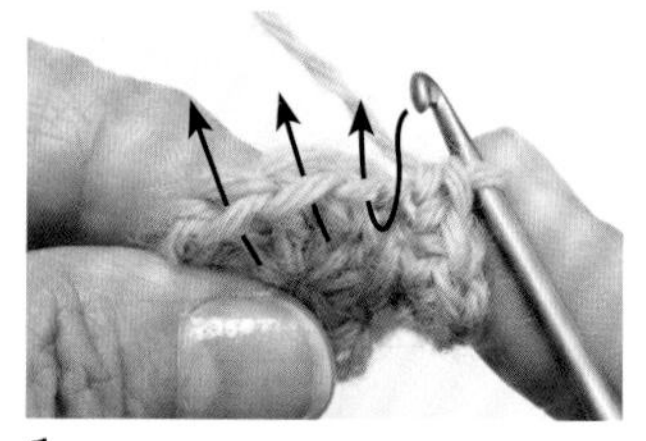

1 待挑针的针脚头部有2根线，如箭头所示在内侧的半针（1根线）里挑针钩织。

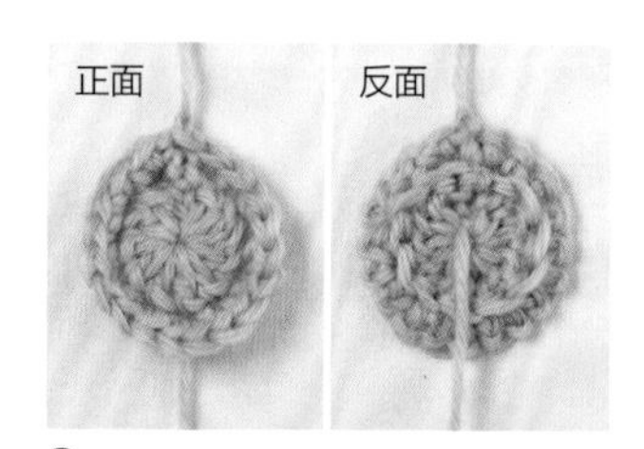

2 在内侧半针里挑针钩织1圈后的状态。右图是从反面看到的样子，剩下没有挑针的外侧半针呈条纹状。

·在外侧半针里挑针的情况

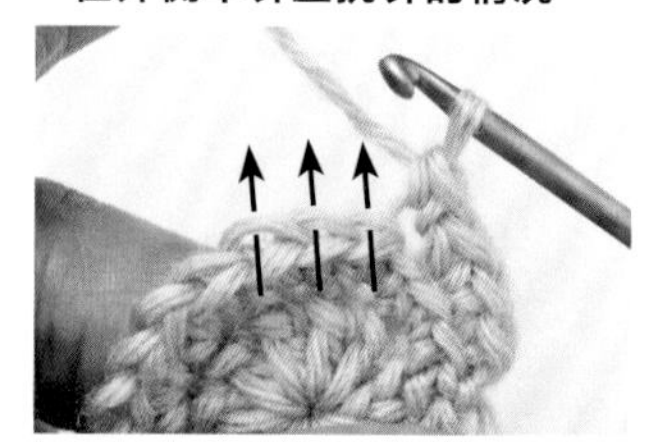

1 待挑针的针脚头部有2根线，如箭头所示在外侧半针（1根线）里挑针钩织。

2 在外侧半针里挑针钩织1圈后的状态。剩下没有挑针的内侧半针呈条纹状。

·在剩下的外侧半针里挑针的情况

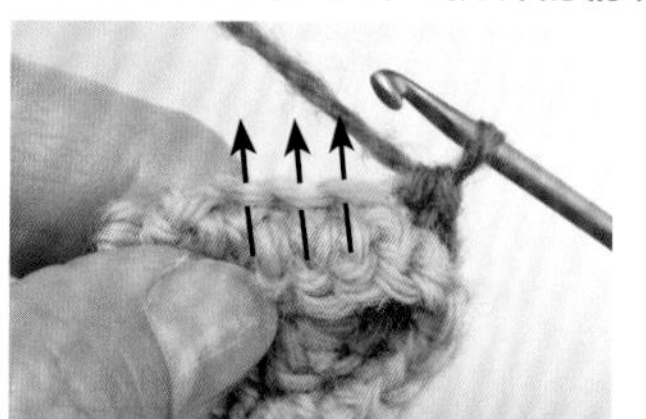

1 将先前钩织的部分翻向内侧，如箭头所示在先前钩织的针脚头部剩下的外侧半针（1根线）里挑针钩织。

2 在剩下的外侧半针里挑针钩织几针后的状态，织物由此分成内侧和外侧两层。

·在剩下的内侧半针里挑针的情况

1 如箭头所示，在先前钩织的那一行（圈）针脚头部剩下的内侧半针（1根线）里挑针钩织。

2 在剩下的内侧半针里挑针钩织几针后的状态，织物由此分成内侧和外侧两层。

基础教程 *Basic Lesson*

花片的连接方法

A 钩引拔针连接的情况

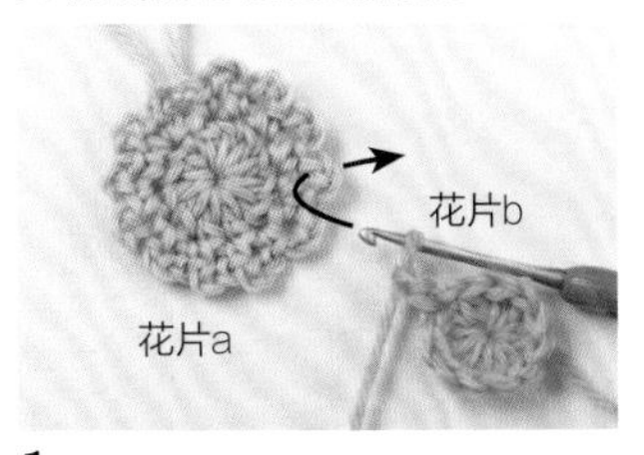

1 花片b钩至连接位置前。如箭头所示，成束挑起花片a的锁针。

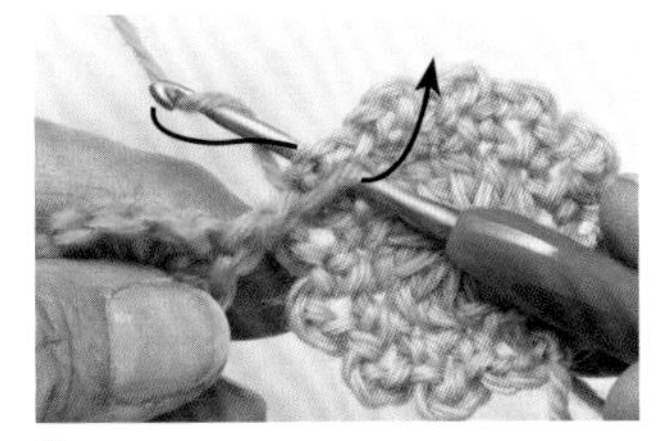

2 插入钩针后的状态。针头挂线，如箭头所示一次性引拔。

3 引拔连接后的状态。接着钩织下一个短针。

4 钩完短针，2片花片用引拔针连接后的状态。继续钩织花片b。

B 钩短针时暂时取下钩针连接的情况

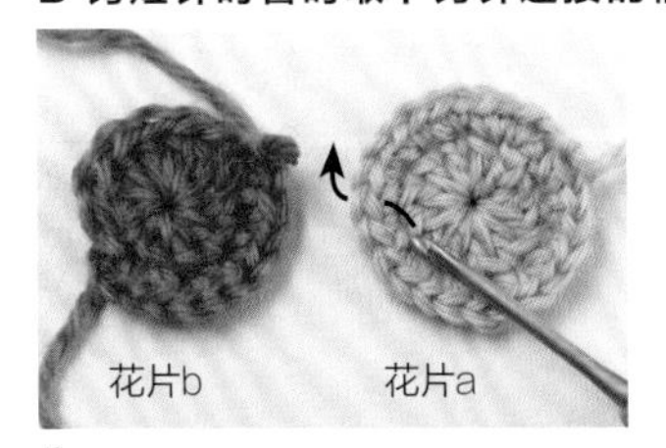

1 花片b钩至连接位置前，从针目上取下钩针，然后如箭头所示在花片a的待连接针脚处插入钩针。

2 在花片a里插入钩针后的状态。再将花片b的针目套在钩针上拉出。

3 拉出后的状态。接着钩织下一个短针。

4 钩完短针，2片花片用短针连接后的状态。继续钩织花片b。

C 钩长针时暂时取下钩针连接的情况

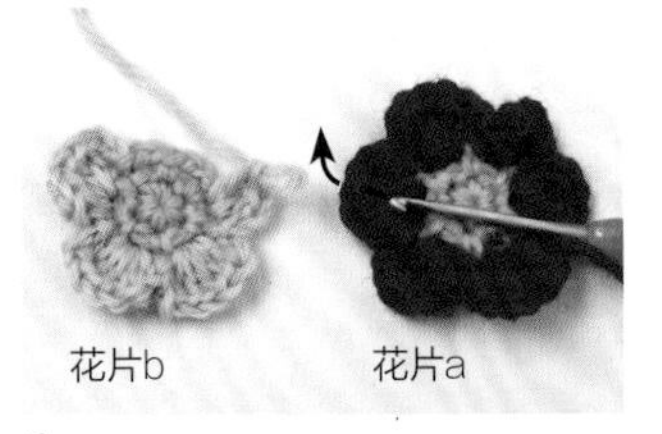

1 花片b钩至连接位置前，从针目上取下钩针，然后如箭头所示在花片a的待连接针脚处插入钩针。

2 在花片a里插入钩针后的状态。再将花片b的针目套在钩针上拉出。

3 拉出后的状态。接着在针头挂线，钩织下一个长针。

4 钩完长针，2片花片用长针连接后的状态。继续钩织花片b。

织物的定型方法

1 先将画好织物成品尺寸的纸张放在熨烫台上，再在上面放一张描图纸以免弄脏织物。

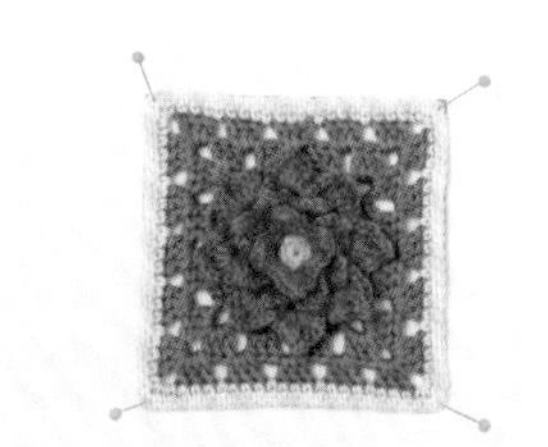

2 将织物放在步骤1上，按照画好的成品尺寸在每个角插上定位针。注意向外侧倾斜着插入定位针，这样更方便熨烫。

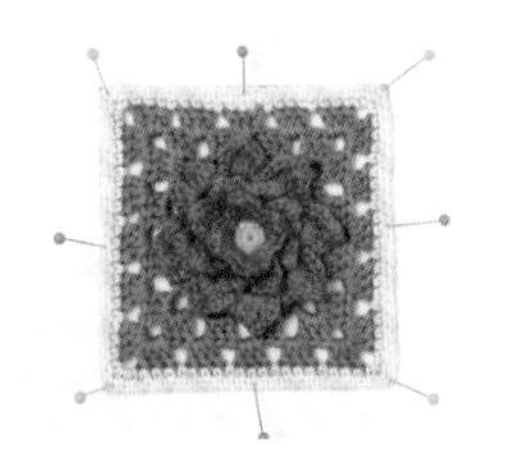

3 在步骤2的定位针之间再细密地插上定位针。

4 隔空熨烫，一边在织物上喷蒸汽一边整理花瓣的形状。等织物冷却后再取下定位针。需要注意的是，如果织物还没冷却就拔掉定位针，整理好的形状有可能会恢复原状。

重点教程 *Point Lesson*

1 图片 ...p.5 制作方法 ...p.41

✤卷心玫瑰的组合方法

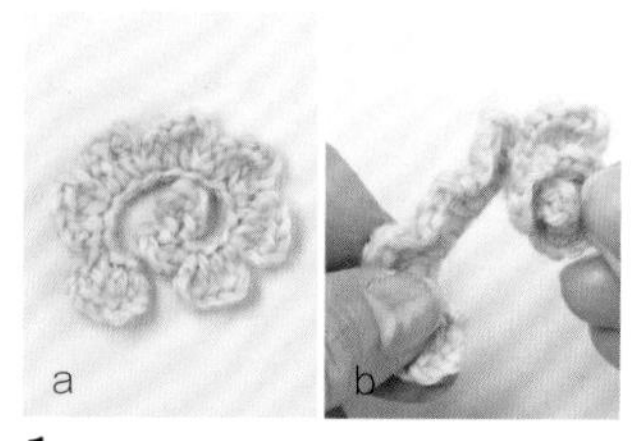

1 卷心玫瑰的织片钩织完成后（a），看着正面从右侧一圈一圈地向内卷（b）。

2 将玫瑰花翻至反面，在底部插上定位针固定（a）。缝针中穿好线，在花朵的底部呈十字形穿针 4~5 次固定（b）。右下图是完成后的样子。

爱尔兰玫瑰花片的束口袋 图片 ...p.4 制作方法 ...p.43

✤小圆球的组合方法

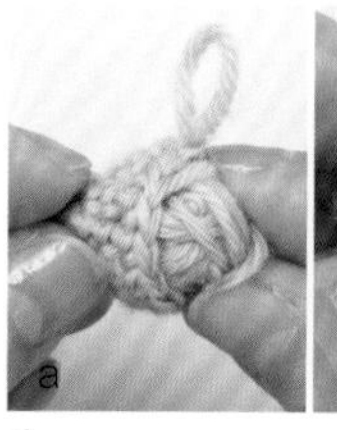

1 钩至第 5 圈后，塞入相同的线（a），接着钩织第 6 圈。缝针中穿好线，如 b 的箭头所示在最后一圈的外侧半针里挑针。

2 挑针穿线一圈后拉紧，整理好形状就完成了。

爱尔兰玫瑰花片的束口袋 图片 ...p.4、5 制作方法 ...p.42、43

✤第 3 圈的钩织方法

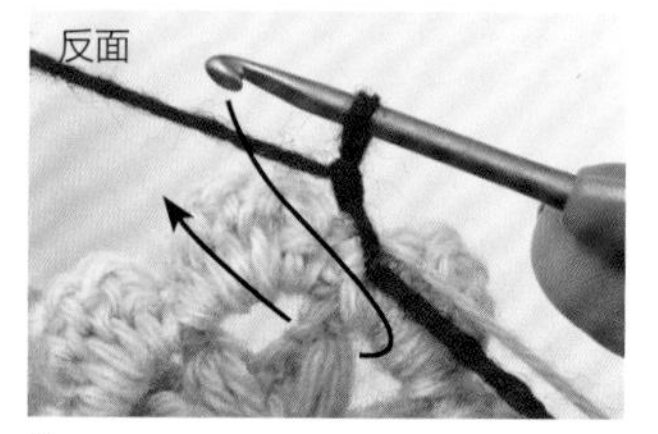

1 第3圈将织片翻至反面，看着反面继续钩织。先钩1针立起的锁针，然后如箭头所示在第1圈立起的3针锁针以及2针中长针的变化枣形针里插入钩针，钩外钩短针。

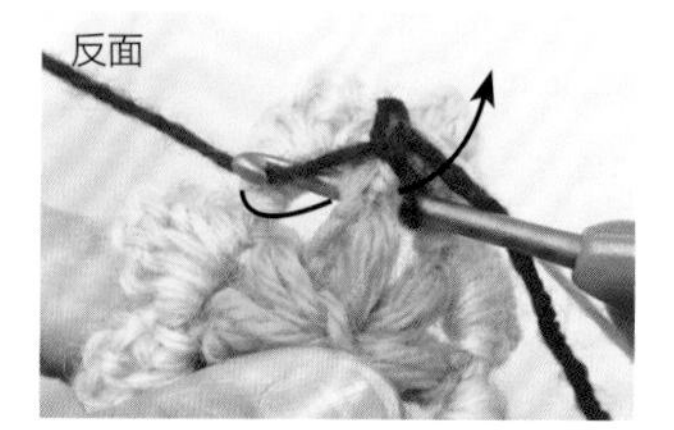

2 插入钩针后的状态。针头挂线，如箭头所示拉出。

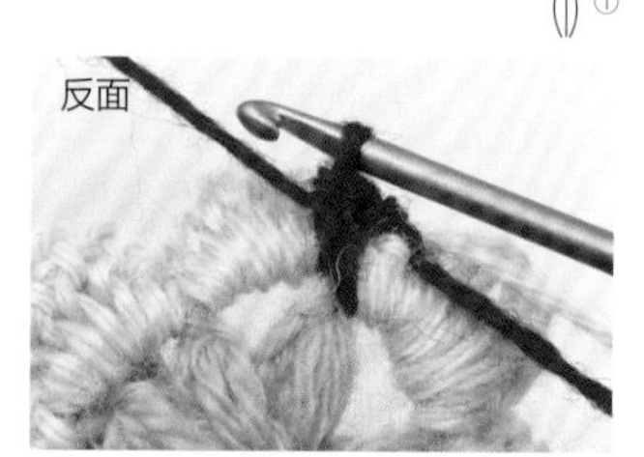

3 外钩短针完成后的状态。

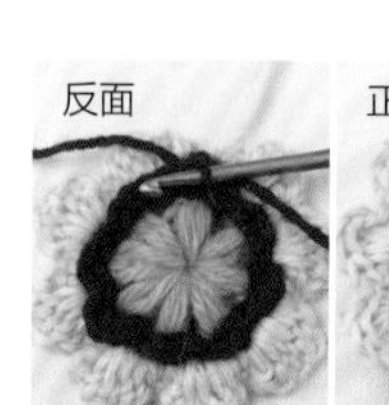

4 第 3 圈完成后的状态。从正面看，第 3 圈钩在了第 2 圈花瓣的后侧。

23、24 图片 ...p.18 制作方法 ...p.62

✤大丽菊的钩织方法

·第3圈

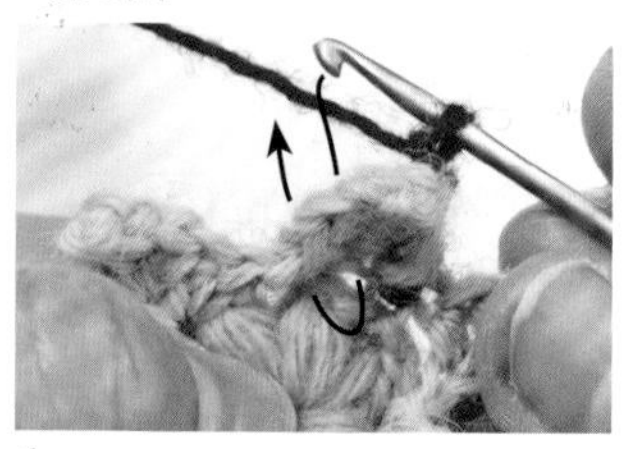

1 第 3 圈的引拔针如箭头所示，从第 2 圈花瓣的后侧将钩针插入第 1 圈的锁针，成束挑起锁针钩织。

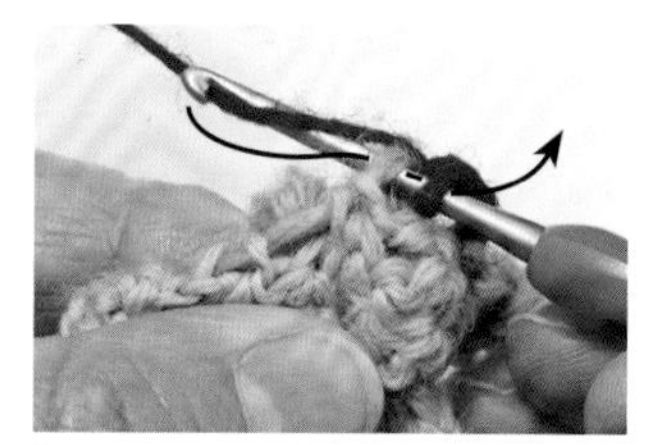

2 插入钩针后的状态。针头挂线，如箭头所示引拔。

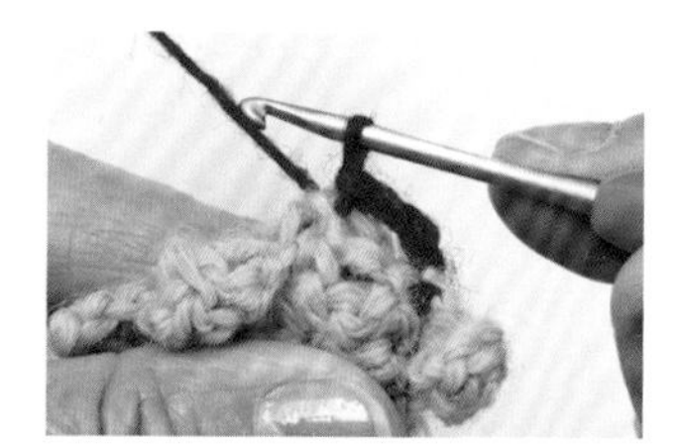

3 引拔后的状态。

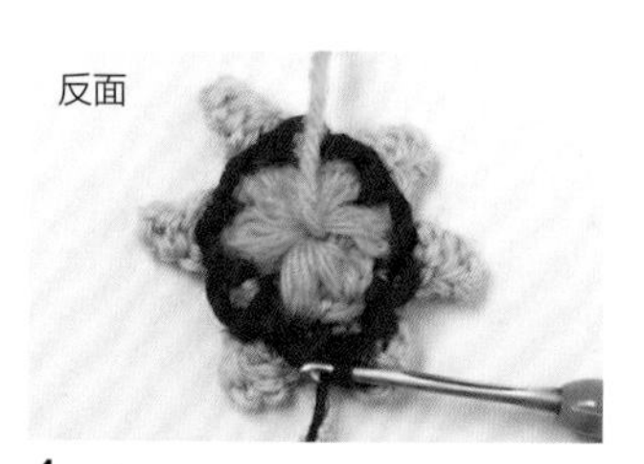

4 第3圈完成后的状态。从正面看，第3圈钩在了第2圈花瓣的后侧。

·第5圈

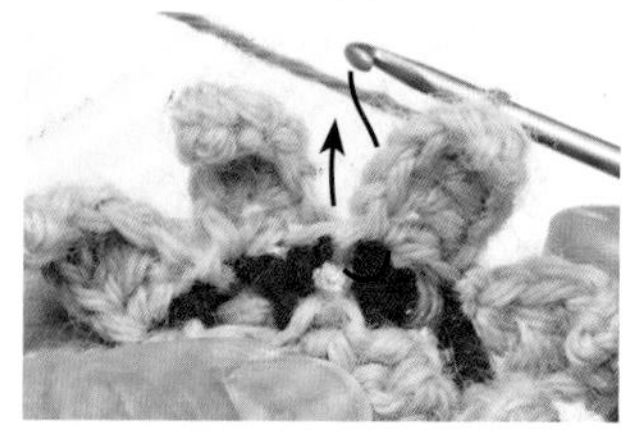

5 第 5 圈的引拔针如箭头所示，从第 4 圈花瓣的后侧将钩针插入第 3 圈的锁针，成束挑起锁针钩织。

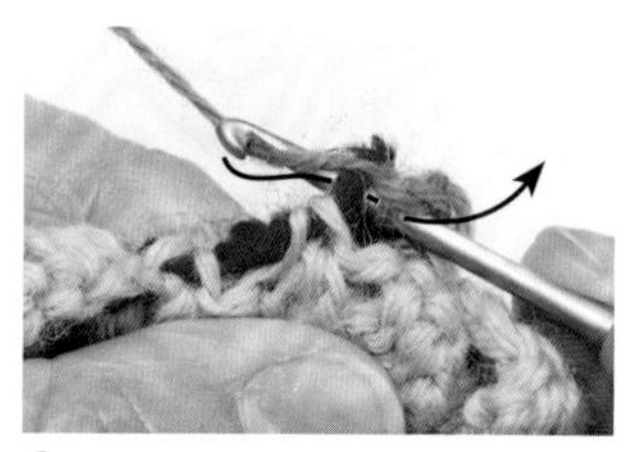

6 插入钩针后的状态。针头挂线，如箭头所示一次性引拔。

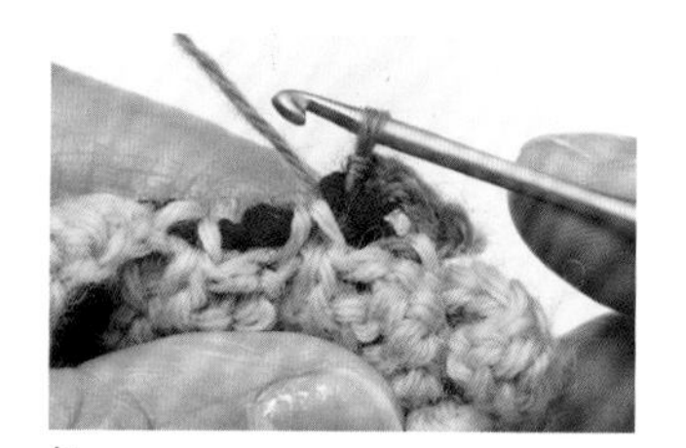

7 引拔后的状态。

8 第 5 圈完成后的状态。从正面看，第 5 圈钩在了第 4 圈花瓣的后侧。

※为了便于理解，此处使用不同颜色和粗细的线进行说明

·第7圈

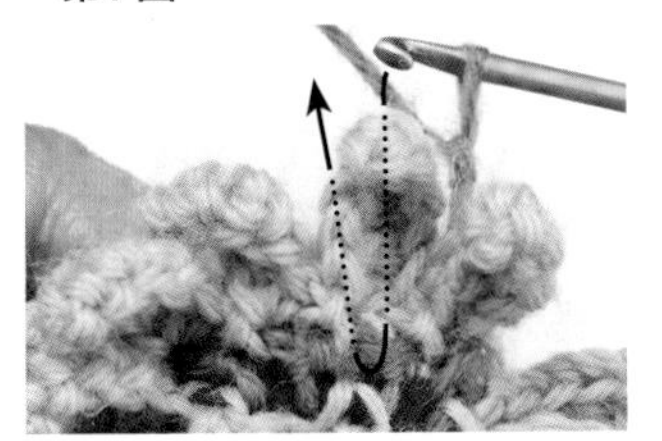

9 第7圈的引拔针如箭头所示，从第6圈花瓣的后侧将钩针插入第5圈的锁针，成束挑起锁针钩织。

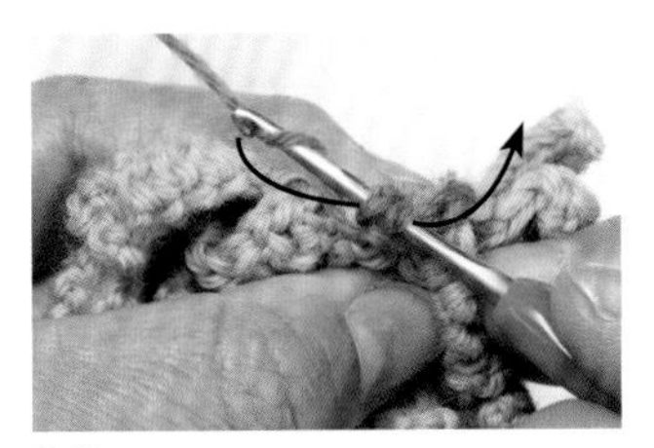

10 插入钩针后的状态。针头挂线，如箭头所示引拔。

11 引拔后的状态。

反面

12 第7圈完成后的状态。从正面看，第7圈钩在了第6圈花瓣的后侧。

25、26 图片…p.19 制作方法…p.63

✤百日菊的钩织方法

·第8圈

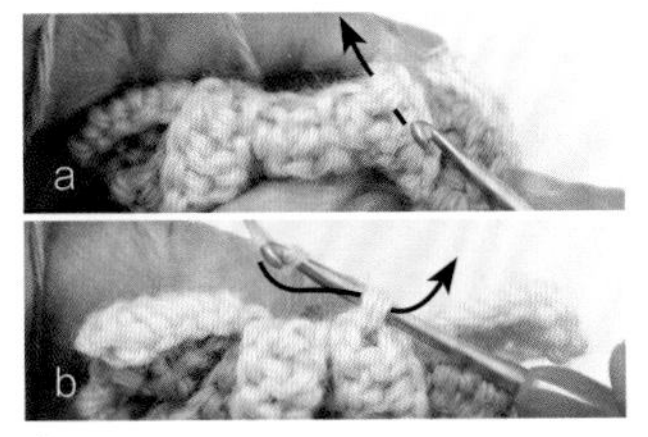

1 第8圈的引拔针如a的箭头所示，从第7圈的后侧挑起第7圈花瓣的中长针根部的2根线钩织。b是插入钩针后的状态。

2 引拔后的状态。接着钩织花瓣。

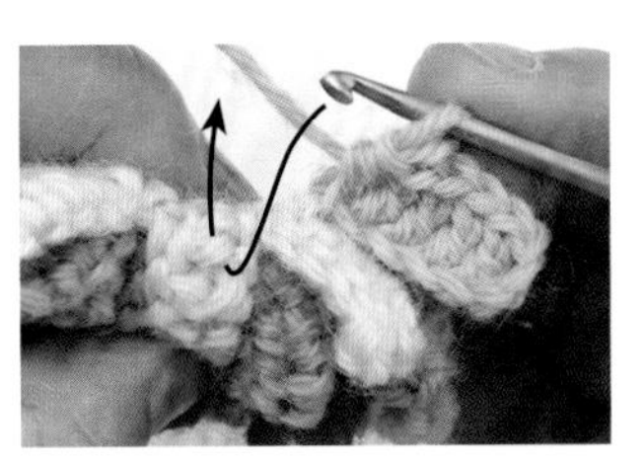

3 第1片花瓣完成后的状态。如箭头所示，从后侧挑起第7圈下一片花瓣的中长针根部的2根线钩织引拔针。

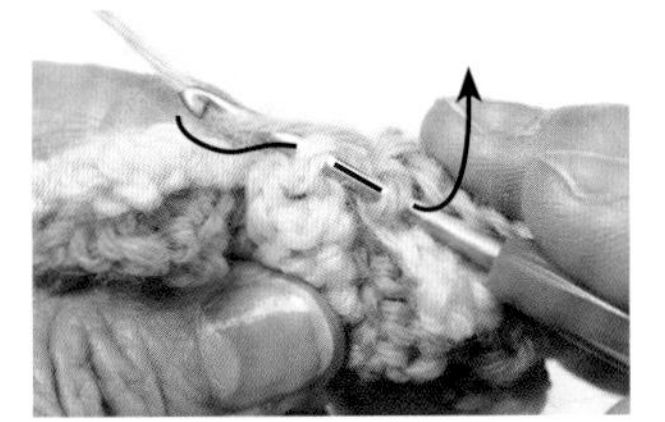

4 插入钩针后的状态。针头挂线，如箭头所示引拔。

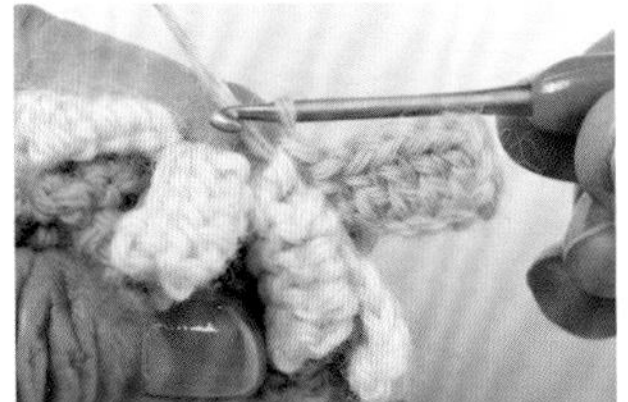

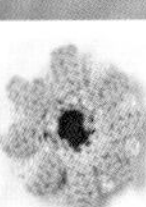

5 引拔后的状态。按相同要领钩织8片花瓣。右下图是第8圈完成后的样子。

·第9圈

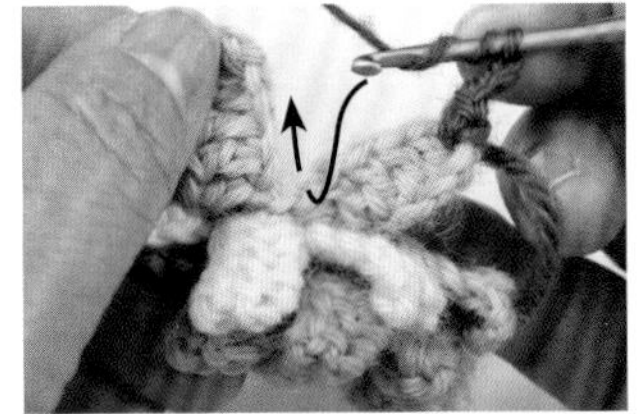

6 第9圈在第8圈的指定位置接上新线，钩1针立起的锁针、1针短针、3针锁针后，在钩针上绕2圈线，如箭头所示在第8圈花瓣的中长针的外侧半针里挑针钩长长针。

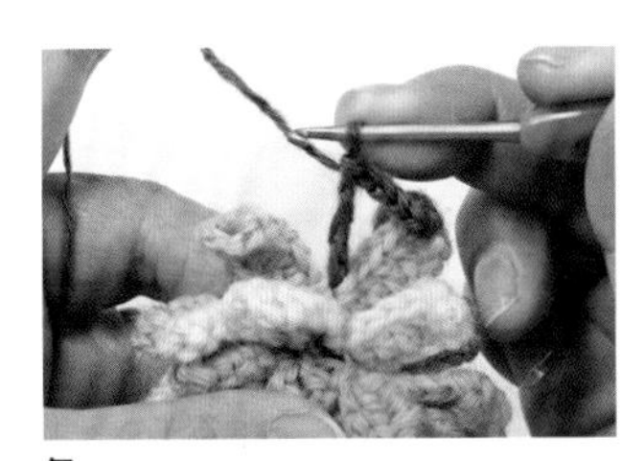

7 长长针完成后的状态。按相同要领参照符号图钩织1圈。

反面

8 第9圈完成后的状态。接着参照符号图钩至主体的第14圈，断线。

44、45 图片…p.33 制作方法…p.75

✤山茶花第7圈的钩织方法

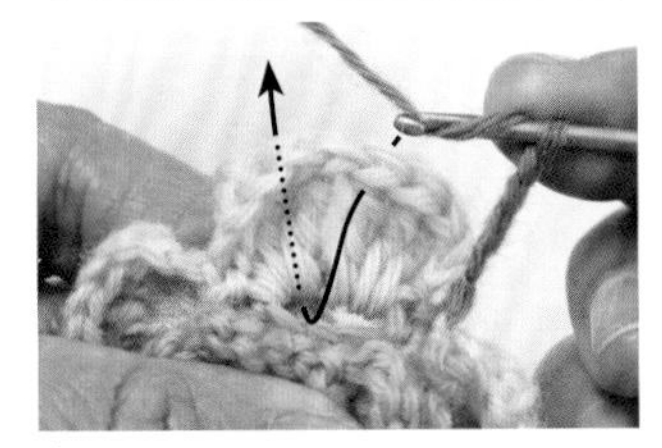

1 钩3针起立针后再钩3针锁针。接着针头挂线，如箭头所示从第6圈花瓣的长长针之间插入钩针，成束挑起第5圈的锁针钩长针。

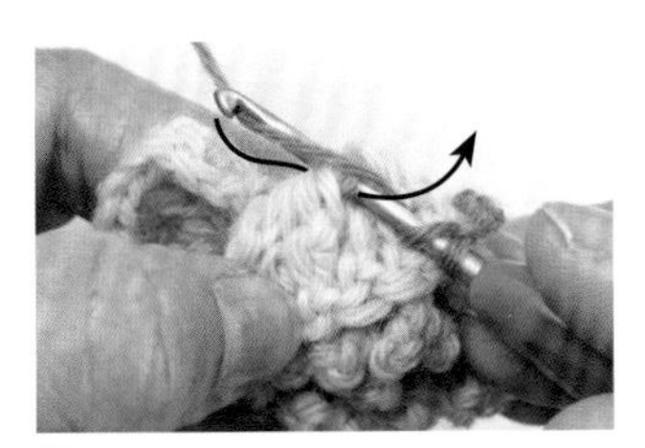

2 从第6圈花瓣的长长针之间将钩针插入第5圈的锁针，成束挑起锁针后的状态。

3 长针完成后的状态。参照符号图按相同要领继续钩织。

反面

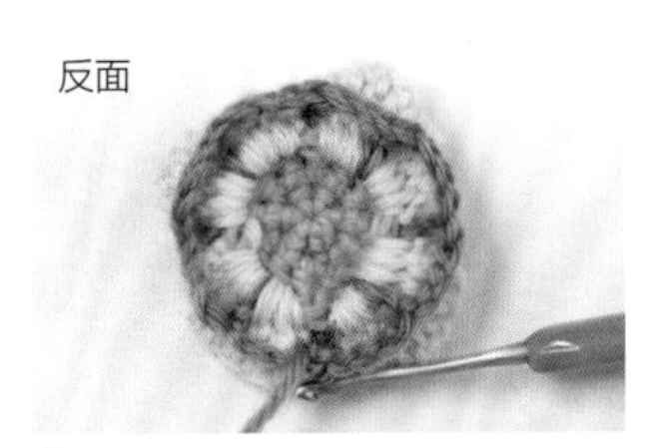

4 第7圈完成后的状态。第9圈也按第7圈的要领，从第8圈的长长针之间插入钩针，成束挑起第7圈的锁针钩长针。

39、40 图片 ...p.31 制作方法 ...p.67

✤兰花的钩织方法

·花瓣上的引拔针锁链

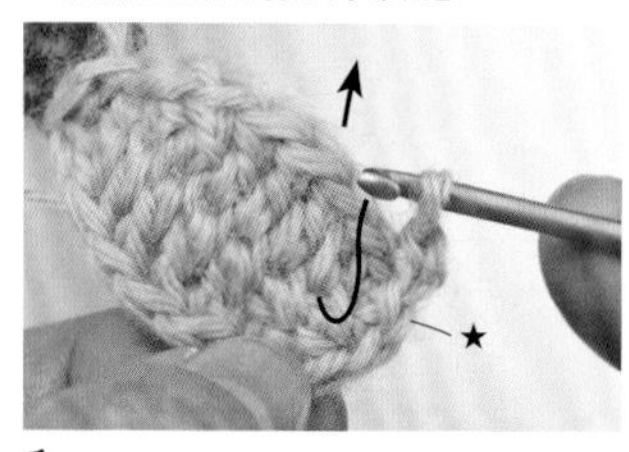

1 钩织第 8 圈花瓣上的引拔针锁链时，先在★处钩引拔针，接着钩 2 针锁针，然后如箭头所示在花瓣的第 9 针锁针里插入钩针。

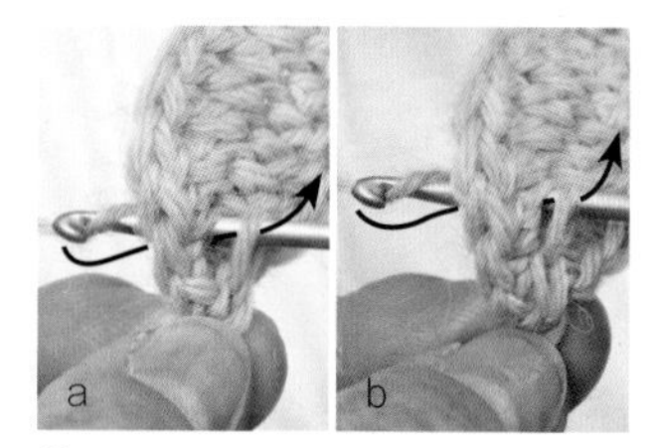

2 插入钩针后的状态（a）。如箭头所示从花瓣的后面挂线拉出，钩织引拔针锁链。b是钩了1针后的样子。

3 钩完9针的引拔针锁链后的状态。1片花瓣完成。

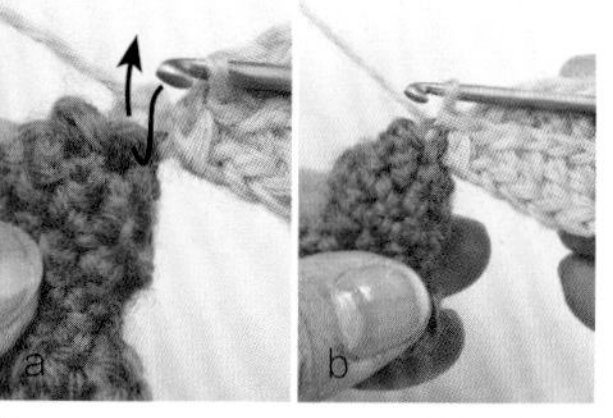

4 如 a 的箭头所示，在第 1 圈剩下的外侧半针里插入钩针，钩引拔针。b 是引拔后的状态。接着钩织第 2 片花瓣。按此要领一边钩织花瓣一边在第 1 圈剩下的半针里挑针，注意第 2 片花瓣完成后要在第 1 圈剩下的半针上跳过 1 针引拔。右下图是第 8 圈完成后的样子。

·第9圈

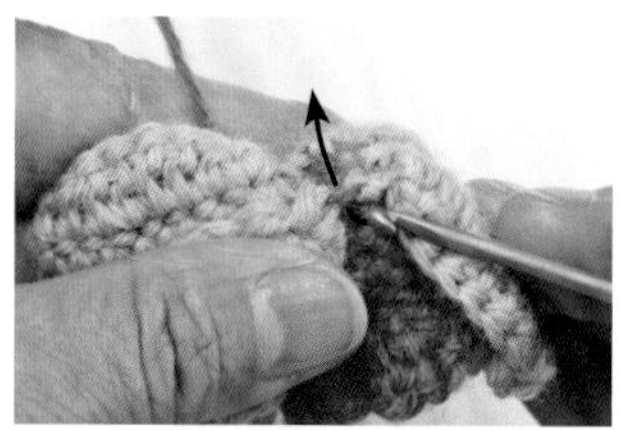

5 第9圈在第1圈的外侧半针里插入钩针接上新线（因为前面已经钩了花瓣的引拔针，针目比较难辨认，挑针时要仔细一点）。

6 接线后的状态。

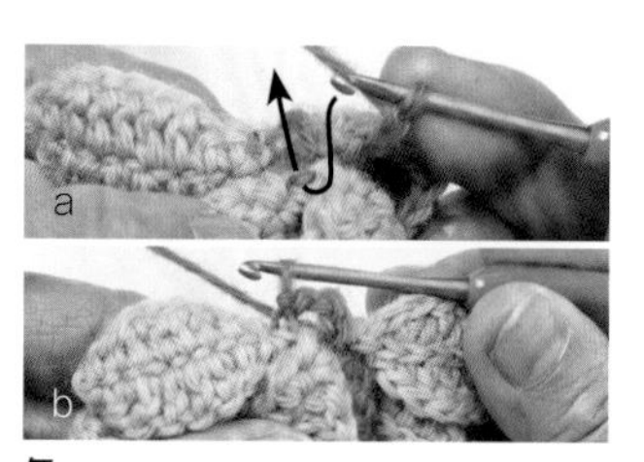

7 钩2针锁针后，如a的箭头所示在第1圈的外侧半针里插入钩针，钩引拔针（b）。按此要领钩织1圈。与花瓣一样在第1圈剩下的半针里挑针，注意钩第4针引拔针时要在第1圈剩下的半针上跳过1针引拔。

8 第 9 圈完成后的样子。

·第10圈

9 第 9 圈最后 1 针引拔针完成后，钩 11 针锁针（a），接着钩织叶子部分（b）。右下图是叶子的第 2 圈完成后的样子。

·第11圈

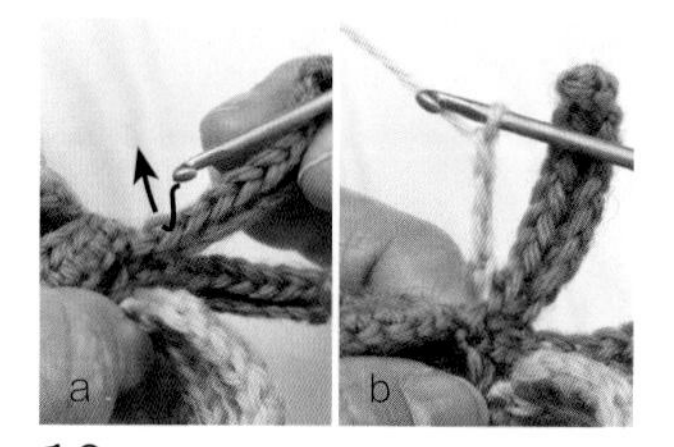

10 在第 10 圈短针头部的外侧半针里接上新线（a），钩 3 针锁针（b）。

11 下一个引拔针也在第10圈短针头部的外侧半针里如箭头所示插入钩针钩织。

12 引拔针完成后的状态。右下图是第 11 圈完成后的样子。

38 图片 ...p.29 制作方法 ...p.72

✤长寿花第 6 圈的钩织方法

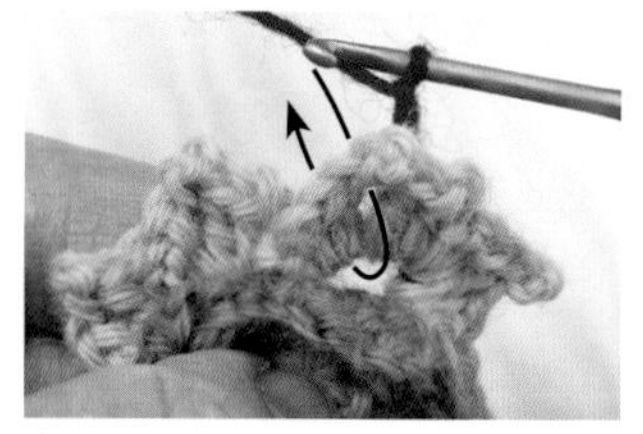

1 第 6 圈的短针如箭头所示，从第 5 圈花瓣的长针之间插入钩针，成束挑起第 4 圈的锁针钩织。

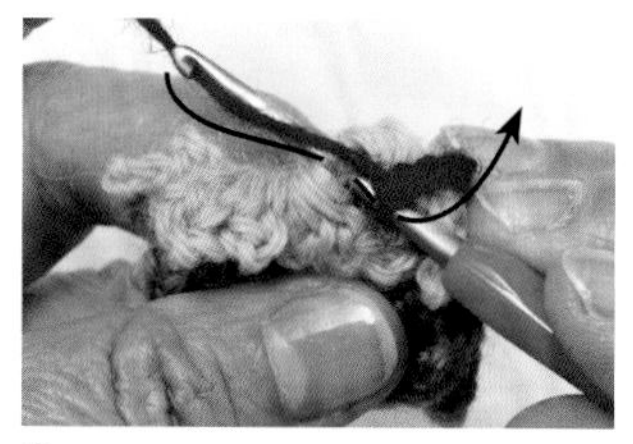

2 插入钩针后的状态。

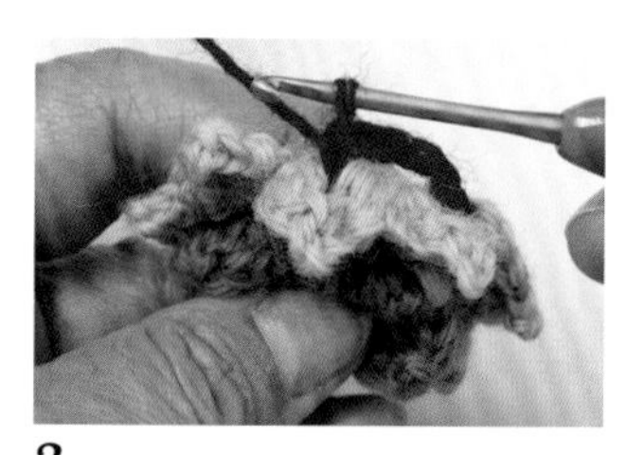

3 短针完成后的状态。

4 第 6 圈完成后的状态。第 6 圈钩在了第 5 圈花瓣的后侧。

※为了便于理解，此处使用不同颜色和粗细的线进行说明

37 图片…p.29 制作方法…p.72

图片…p.29 制作方法…p.72

✤富贵菊第 4、5 圈的钩织方法

·第4圈

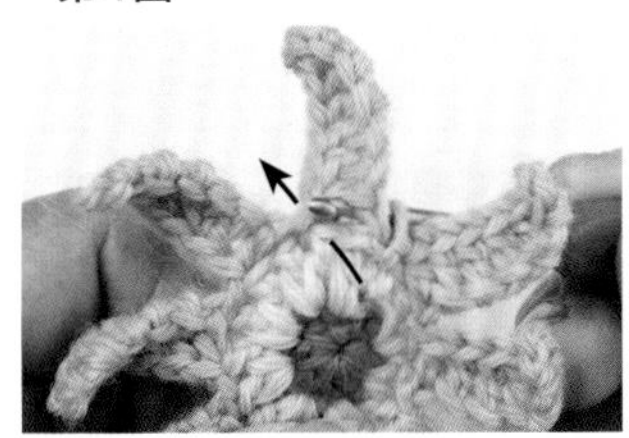

1 第4圈如箭头所示，从第3圈花瓣的后侧将钩针插入第2圈的锁针，成束挑起锁针接上新线。

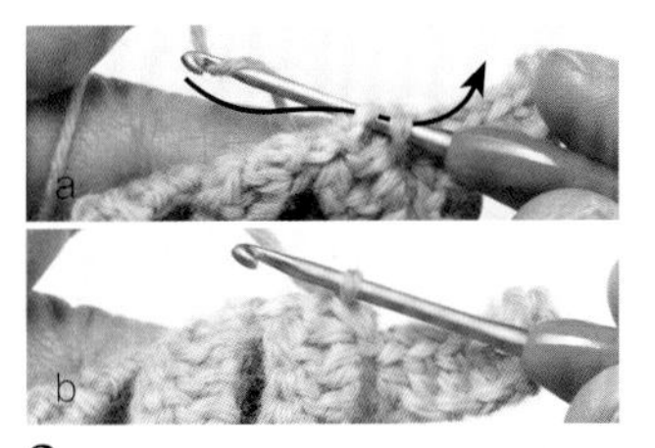

2 a 是插入钩针后的状态。b 是接线后的状态。

3 钩8针锁针，接着钩织花瓣。

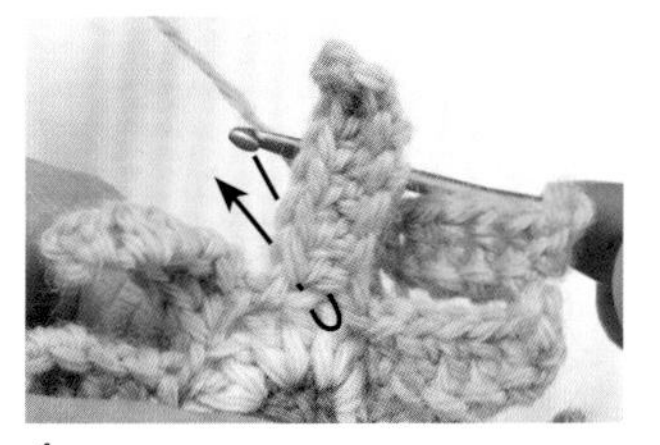

4 1 片花瓣完成后的状态。参照符号图从第 3 圈花瓣的后侧成束挑起第 2 圈的锁针，钩引拔针。

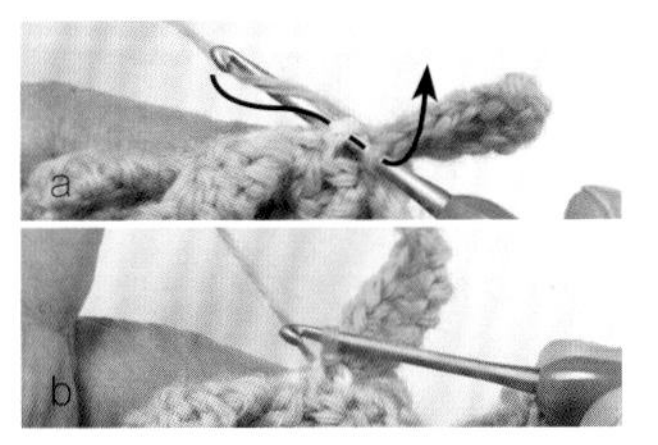

5 a是插入钩针后的状态。b是引拔针完成后的状态。重复步骤**3**和**4** 钩织1圈。

·第5圈

6 在第 4 圈的引拔针上接新线，钩 1 针短针、5 针锁针。

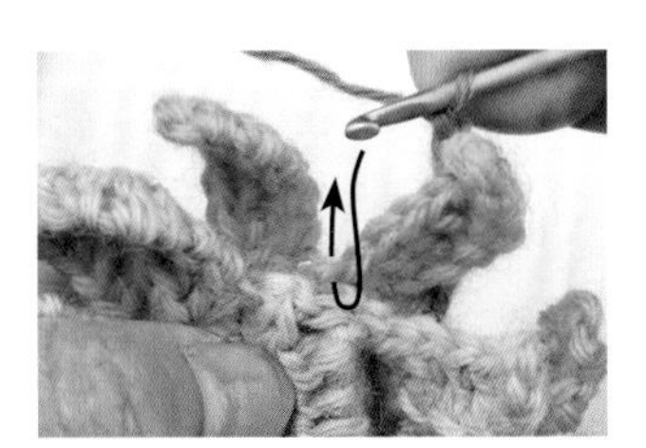

7 参照符号图，在第4圈的引拔针上钩短针。

8 短针完成后的状态。重复钩“5 针锁针、1 针短针”，钩织 1 圈。

43 图片…p.32 制作方法…p.74

✤一品红的钩织方法

·第6圈

1 第6圈先钩5针立起的锁针，然后针头挂线，如箭头所示从第5圈花瓣的后侧将钩针插入第4圈的引拔针里钩长针，接着钩2针锁针。

2 针头挂线，从第 5 圈花瓣的后侧将钩针插入第 4 圈的引拔针里。图中是插入钩针后的状态。

3 a是长针完成后的状态。“1针长针后钩2针锁针，在同一个针脚里再钩1针长针，接着钩2针锁针”，重复引号内的操作钩织1圈。

·第9圈

4 第 9 圈如箭头所示插入钩针，成束挑起第 6 圈的锁针，接上新线。

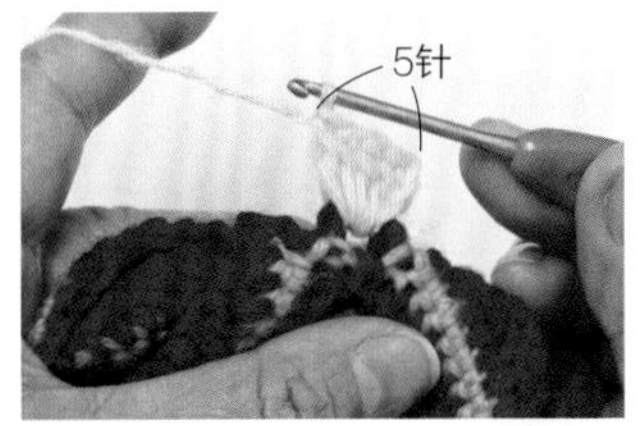

5 a是插入钩针后的状态。b是接线并钩完3针立起的锁针后的状态。接着，在同一个锁针线环里钩4针长针。

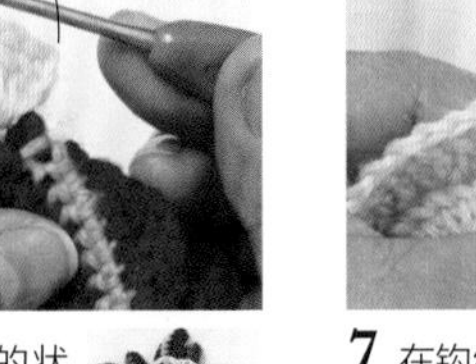

6 4 针长针完成后的状态。接着钩 3 针锁针，按符号图继续钩织。右图是第 9 圈完成后的样子。

·第13圈

7 在钩织第13圈的指定位置时，如箭头所示在第8圈的指定位置一起将钩针插入2层针脚，钩织短针，即用1针短针固定主体和花瓣。

8 a 是插入钩针后的状态。b 是在 2 层针脚里一起钩 1 针短针后的状态。

41、42 图片 ...p.31 制作方法 ...p.68

✤圣诞玫瑰的钩织方法

·第5圈

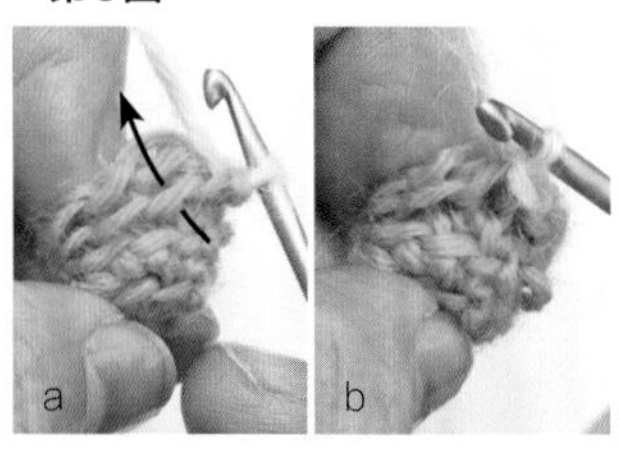

1 第5圈如a的箭头所示，在第3圈剩下的内侧半针里插入钩针，钩引拔针（b）。

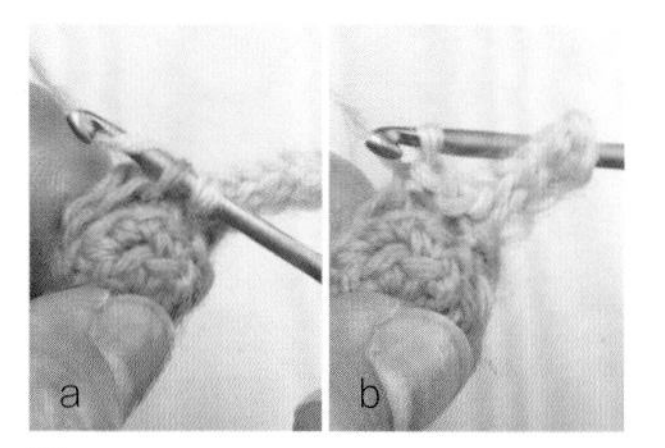

2 接着钩6针锁针和4针引拔针后，在下一个剩下的半针里插入钩针（a），钩引拔针（b）。

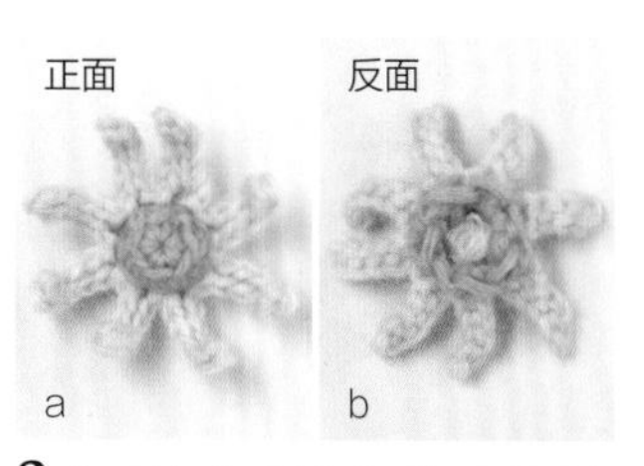

3 第5圈完成后的状态。第4圈的针脚留在反面。

·第6圈

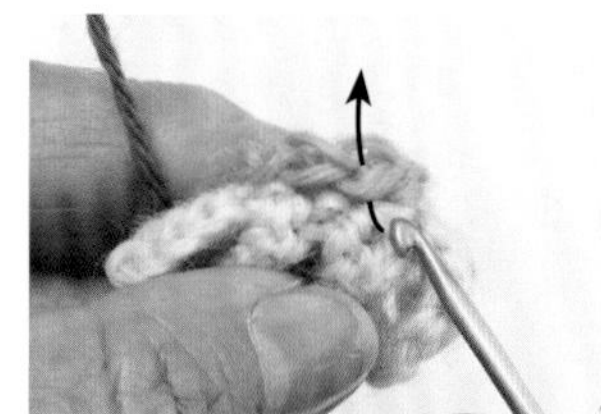

4 钩织第6圈时，将第5圈翻向内侧压住，然后如箭头所示在第4圈短针的内侧半针里插入钩针，接线。

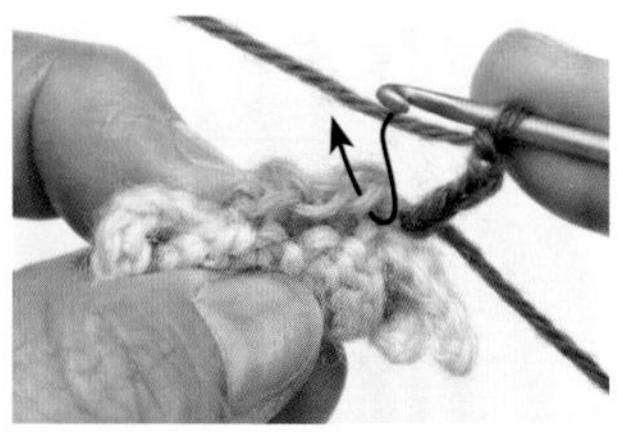

5 接上新线，钩1针短针和4针锁针后的状态。参照符号图，重复钩织"1针短针，4针锁针"。

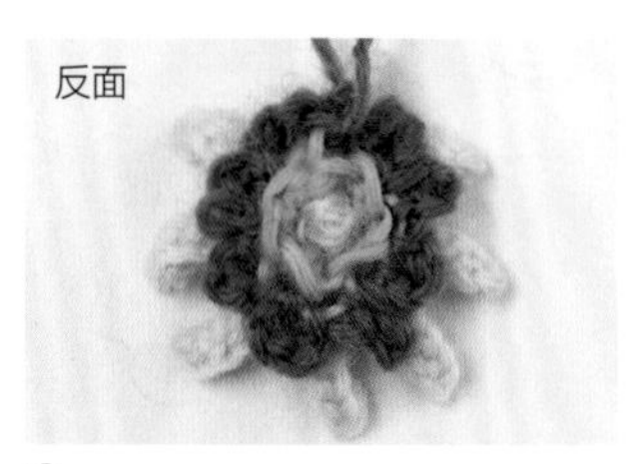

6 第6圈完成后的状态，留下第4圈的外侧半针。

·第7圈

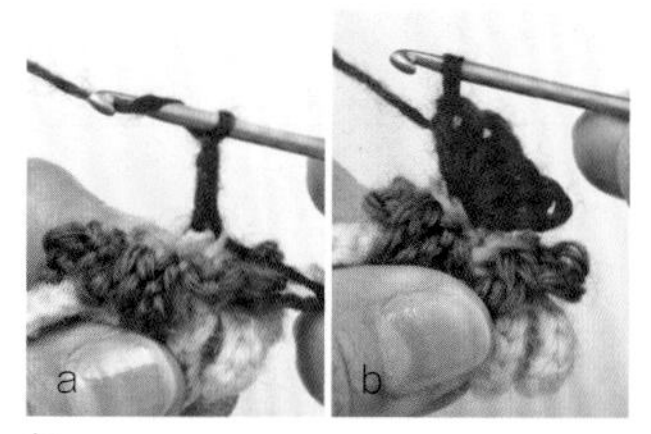

7 在第4圈指定位置的短针剩下的外侧半针里接线（a），钩2针立起的锁针，再在同一个针脚里钩5针中长针（b）。

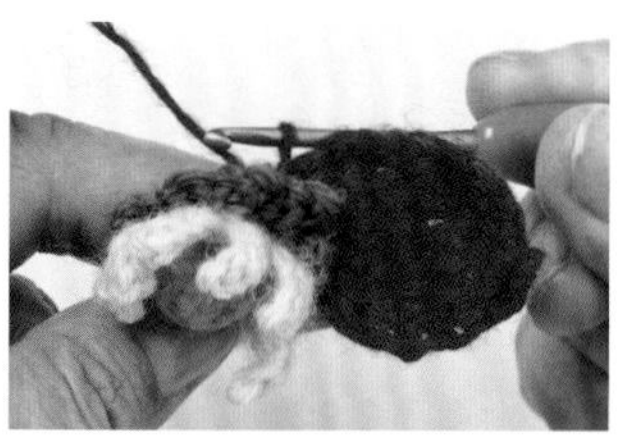

8 接着钩织花瓣，参照符号图往返钩织4行，然后钩引拔针和锁针回到最初的引拔针位置后的状态。在第4圈下一个剩下的外侧半针里钩引拔针。

9 按相同要领钩织5片花瓣后的状态（a）。b是第8圈（花瓣的边缘）完成后的状态。

·第9圈

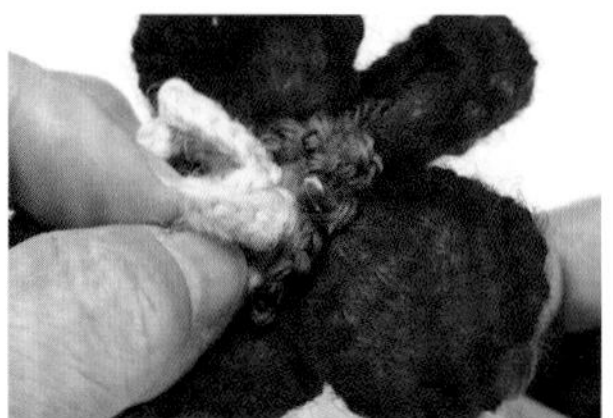

10 第9圈是将第6圈指定位置的短针的外侧半针拉出至花瓣的后侧进行钩织。图中是正要将第6圈短针的外侧半针拉出至花瓣后侧的状态。

11 在拉出的第6圈短针的外侧半针里插入钩针，接线。

12 接线后的状态。

13 1片叶子完成后的状态。按符号图继续钩织。

14 中间的锁针要钩得稍微松一点。右下图是第9圈完成后的样子。

·第10圈

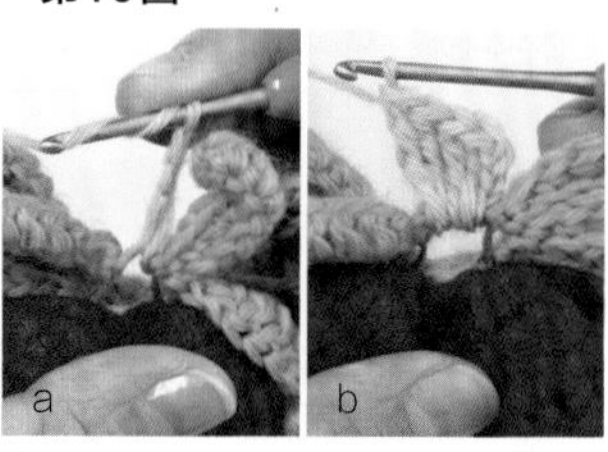

15 在第9圈钩得松松的锁针里接线，先钩4针立起的锁针（a），接着在钩针上绕2圈线，在锁针里钩4针长长针（b）。

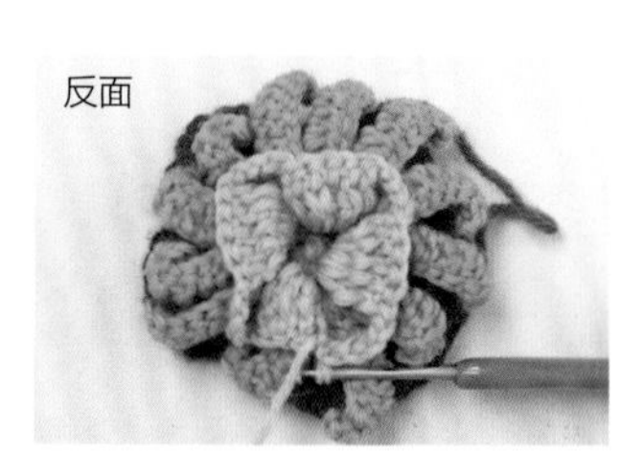

16 第10圈完成后的状态。参照符号图继续钩织主体。

制作方法 How to make

1、2 图片…p.5 重点教程 1…p.36 尺寸… 直径10cm

✤准备材料

线 RICH MORE Percent
1 白色（1）…5g，红色系（73）…1.5g，粉红色系（72）、绿色系（13）…各1g
2 紫红色系（64）…2.5g，红色系（75）、深绿色系（29）、绿色系（32）…各1.5g
针 钩针4/0号

✤1 钩织方法

第2圈：成束挑起前一圈的锁针，钩长针的2针并1针。
第3~5圈：前一圈锁针上的符号均为成束挑起锁针钩织。
※全部钩好后用蒸汽熨斗整烫定型（参照p.35）。

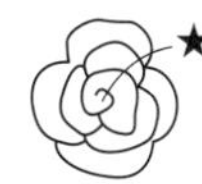

※从★侧一圈一圈地卷成玫瑰花形（参照p.36）

2.3cm

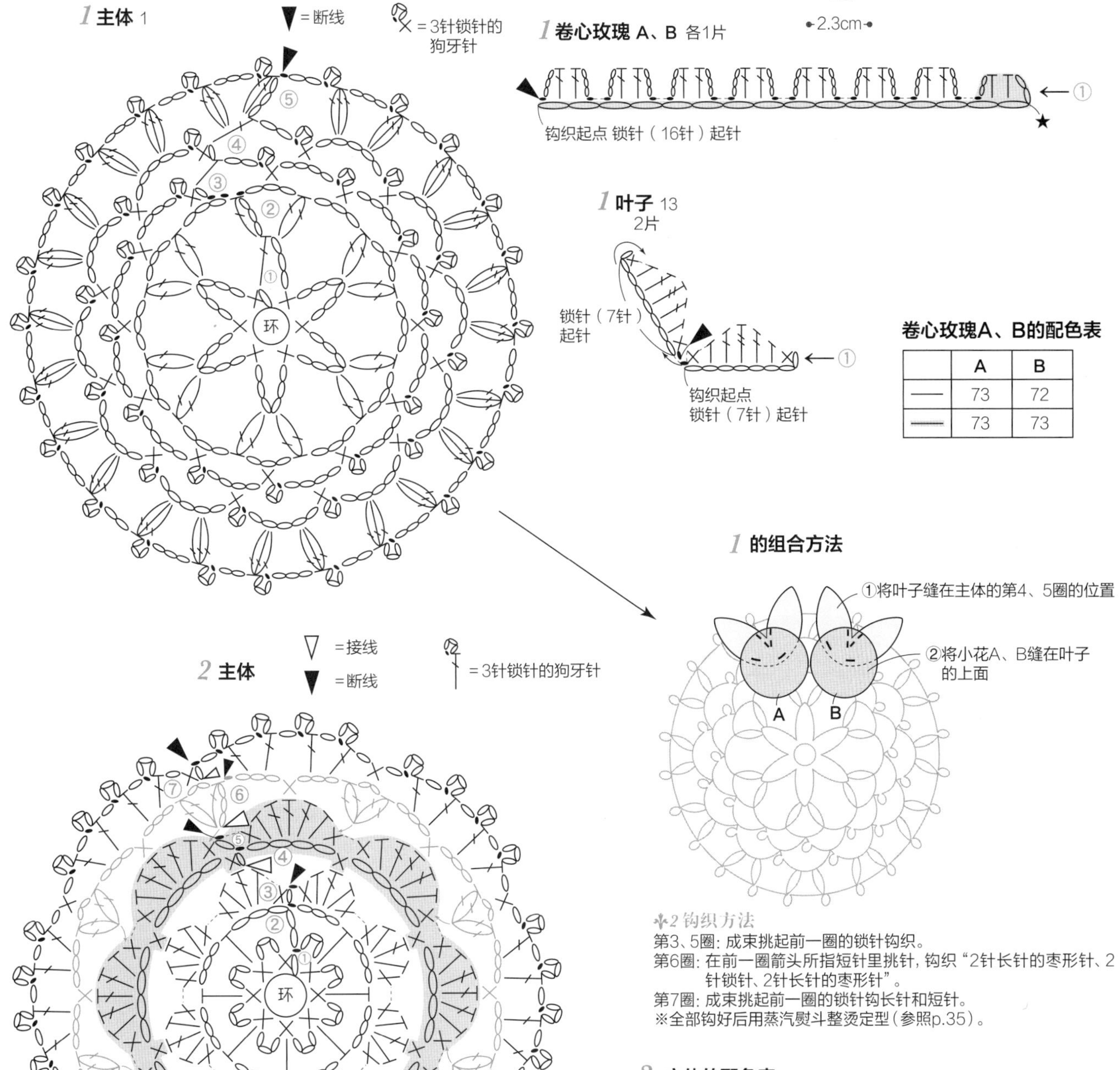

卷心玫瑰A、B的配色表

	A	B
——	73	72
══	73	73

✤2 钩织方法

第3、5圈：成束挑起前一圈的锁针钩织。
第6圈：在前一圈箭头所指短针里挑针，钩织“2针长针的枣形针、2针锁针、2针长针的枣形针”。
第7圈：成束挑起前一圈的锁针钩长针和短针。
※全部钩好后用蒸汽熨斗整烫定型（参照p.35）。

2 主体的配色表

圈数	颜色
——（第7圈）	29
——（第6圈）	32
══（第4、5圈）	64
——（第1~3圈）	75

3 图片 ...p.5 重点教程 ...p.36 尺寸 ...15cm×15cm

✤准备材料

线 和麻纳卡 RICH MORE Percent
米色系（123）…11g，红色系（74）、紫红色系（64）…各4g，绿色系（13）…3g
针 钩针4/0号

3 主体

▽ = 接线
▼ = 断线

= 内钩短针
（因为是看着反面操作，实际上按 = 外钩短针钩织）
= 3针中长针的变化枣形针
= 短针1针放3针

⑩叶子
钩织方法
请参照下图

第10圈的叶子 13

※钩在第7圈的4个位置

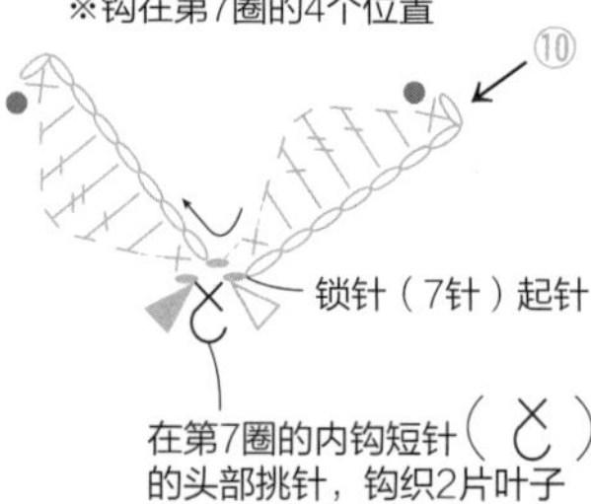

在第7圈的内钩短针（ ）的头部挑针，钩织2片叶子

● = 第11圈的×的挑针位置

✤主体的钩织方法

第1圈：在起针环里成束挑针钩织3针中长针的变化枣形针。
第2圈：成束挑起前一圈的锁针钩织。
第3、5、7圈：将织片翻至反面，将前一圈翻向内侧钩织外钩短针（参照p.36）。
第4、6圈：成束挑起前一圈的锁针钩织。
第8圈：长针是成束挑起前一圈的锁针钩织。
第9圈：成束挑起前一圈的锁针钩织长针和长长针。
第10圈：分别在第7圈的4个位置接线钩织叶子。
第11圈：×是在叶子短针的头部（●）插入钩针，再成束挑起前一圈的锁针，在2层针脚里一起钩织短针。其他的短针则成束挑起前一圈的锁针钩织。
第12~15圈：长针和短针是成束挑起前一圈的锁针钩织。
※全部钩好后用蒸汽熨斗整烫定型（参照p.35）。

3 主体的配色表

圈数	颜色
15、16	123
14	74
12、13	123
10、11	13
7~9	123
5、6	64
3、4	74
2	64
1	123

爱尔兰玫瑰花片的扁平束口袋 图片…p.4 重点教程…p.36 尺寸…15cm×21cm

准备材料

线　和麻纳卡 RICH MORE Percent
米色系（123）…36g，红色系（74）…9g，紫红色系（64）…8g，绿色系（13）…6g
针　钩针4/0号

钩织顺序

1 主体参照p.42的作品3，钩织2片。
2 将2片花片正面朝外重叠，用卷针缝缝合底部和侧面共3条边。
3 在主体的指定位置接线，如图所示在开口处环形钩织10圈3针锁针的网格针。
4 钩织2条细绳和2颗小圆球，将细绳穿在主体上，最后将小圆球缝在细绳的两端。

袋口的配色表

圈数	颜色
10	74
1~9	123

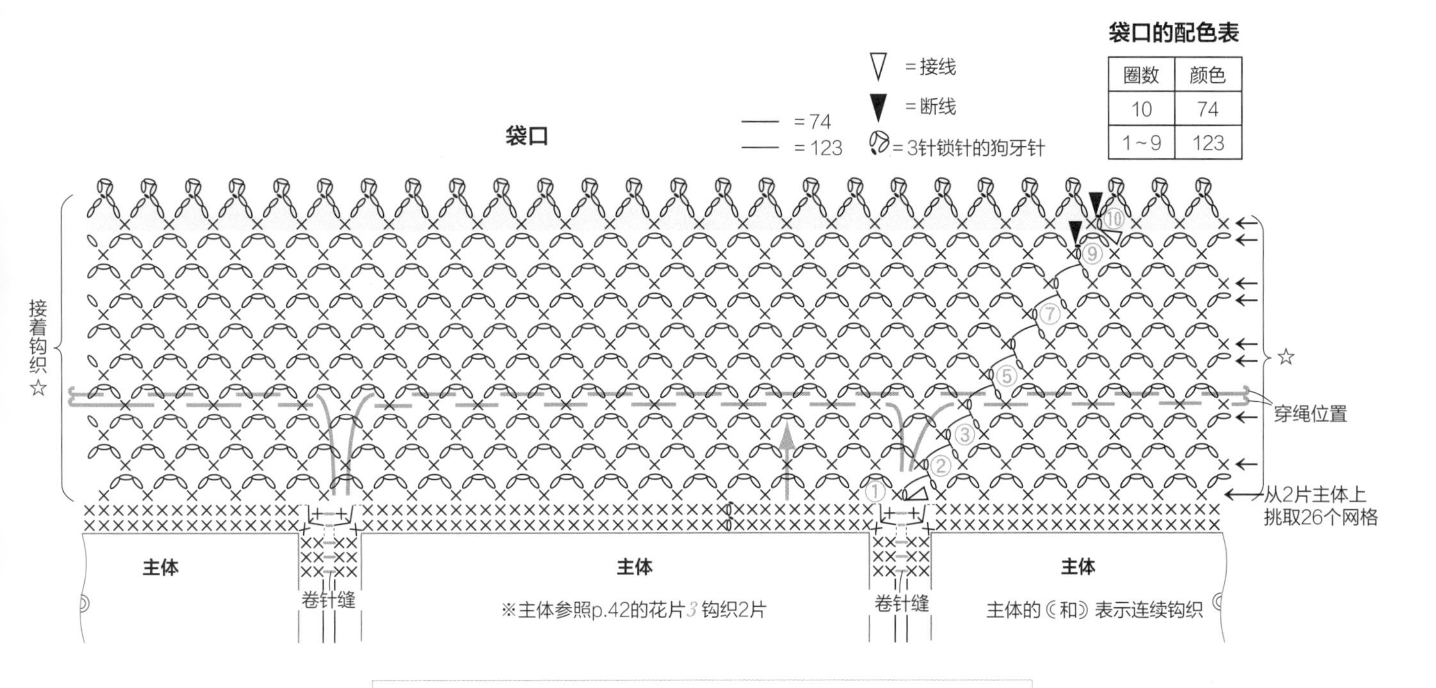

罗纹绳的钩织方法

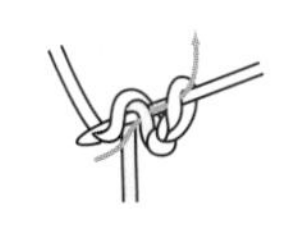

1.留出约3倍于所需绳长的线头，制作最初的针。
2.将线头从前往后挂在针上，再在针头挂上编织线引拔。
3.下一针也按相同要领挂线引拔。
4.重复步骤2和3钩织所需针数。结束时，无须挂上线头直接钩锁针。

细绳 123 2条

※细绳按罗纹绳的钩织方法钩织46cm（145针）

小圆球 2颗
123

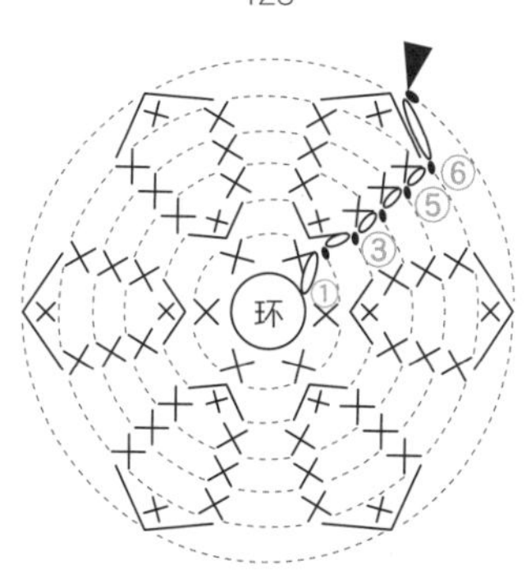

小圆球的针数表

圈数	针数	加减针
6	6	-6
3~5	12	
2	12	+6
1	6	

塞入相同的线，调整形状后收紧（参照p.36）

组合方法

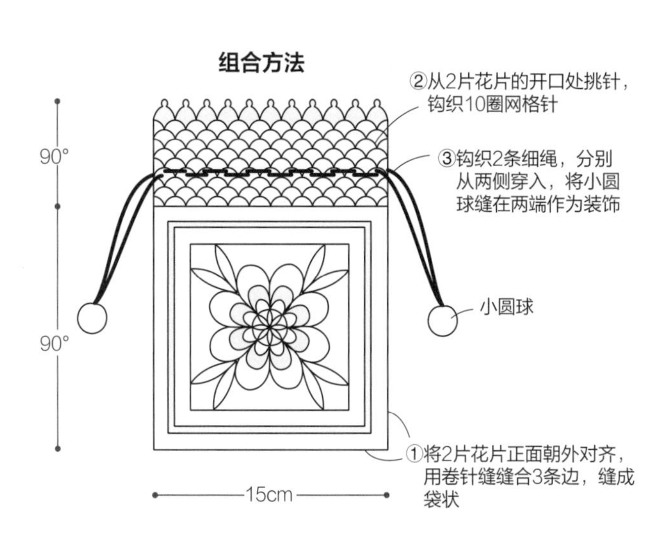

4 图片…p.7 尺寸…直径10cm

准备材料

线 和麻纳卡 中细纯羊毛

薄荷绿色（34）…3g，黄绿色（22）…2g，米白色（1）…1g，浅黄色（33）…少许

针 钩针3/0号

钩织顺序

1 按❶～❾的顺序钩织并连接中间的9朵小花。

2 在连接花片的周围按A~D的顺序钩织4片叶子，同时在指定的小花上钩织 。首先钩19针锁针起针，叶子的上侧从锁针的里山挑针钩织，叶子的下侧从锁针的下侧半针挑针钩织。

3 最后用米白色线在4片叶子的边缘钩织引拔针的条纹针。

※全部钩好后用蒸汽熨斗整烫定型（参照p.35）。

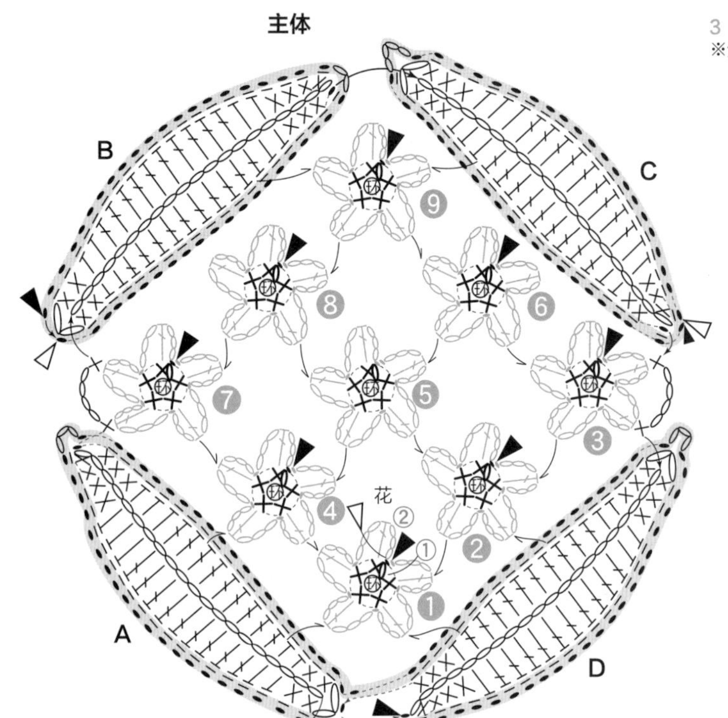

▽ = 接线

▼ = 断线

= 引拔针的条纹针

= 钩长针连接的位置

配色表

	符号	颜色
小花	——	薄荷绿色
	——	浅黄色
叶子	——	米白色
	——	黄绿色

叶子的钩织方法

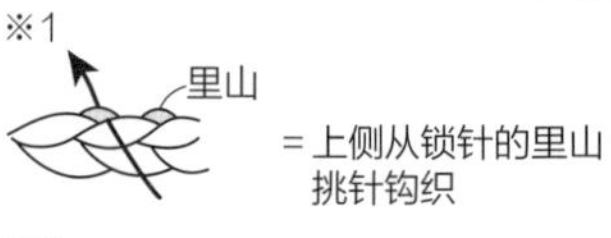

※1

里山

= 上侧从锁针的里山挑针钩织

※2

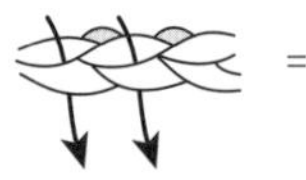

= 下侧从锁针的下侧半针挑针钩织

5 图片…p.7 尺寸…直径10cm

准备材料

线 和麻纳卡 中细纯羊毛

红色（10）、绿色（24）…各3g，浅黄色（33）…2g，粉红色（36）…少许

针 钩针3/0号

钩织顺序

1 如图所示，钩织1片中心的花芯（将针的反面用作正面）。

2 钩织5朵小花，第1朵小花一边钩织一边与花芯做连接，从第2朵开始一边钩织一边与小花及花芯做连接。

3 换线，如图所示在5朵小花的外围钩织2圈边缘。

※全部钩好后用蒸汽熨斗整烫定型（参照p.35）。

▽ = 接线

▼ = 断线

= 4针锁针的狗牙针

= 连接位置

配色表

	符号	颜色
边缘编织	——	绿色
花芯	——	粉红色
小花	——	红色
	——	浅黄色

主体

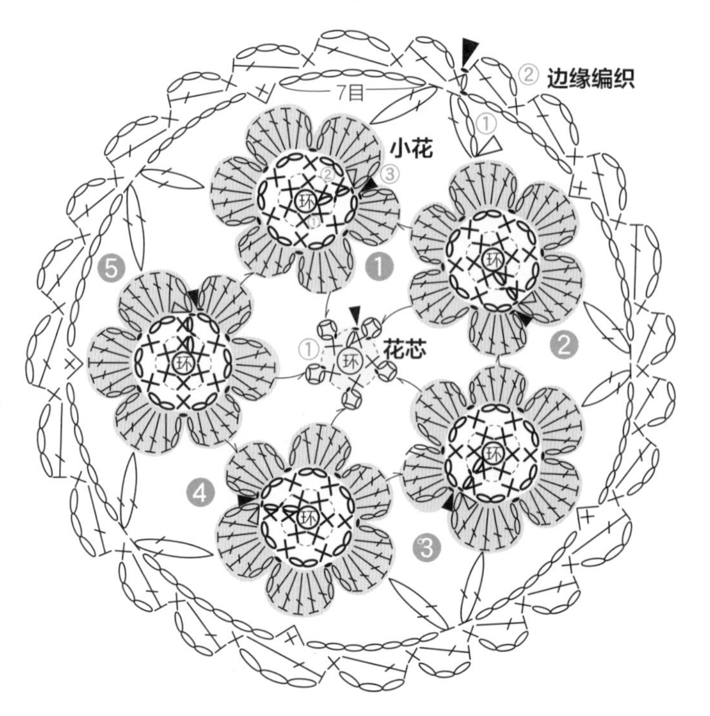

6 图片…p.7 尺寸…10cm×10cm

✤准备材料

线　和麻纳卡 RICH MORE Percent
白色(1)…3g，黄绿色系(16)、紫色系(56)…各2g，紫色系(55)…1g，藏青色系(47)…少许
针　钩针4/0号

✤钩织方法

第3、6、7、8、9圈：前一圈锁针上的符号均为成束挑起锁针钩织。
※全部钩好后用蒸汽熨斗整烫定型（参照p.35）。

▽ =接线
▼ =接线
=短针1针放3针

6 配色表

圈数	符号	颜色
9、10	——	1
7、8	——	16
5、6	——	55
4	——	56
2	——	47
1、3	——	1

主体

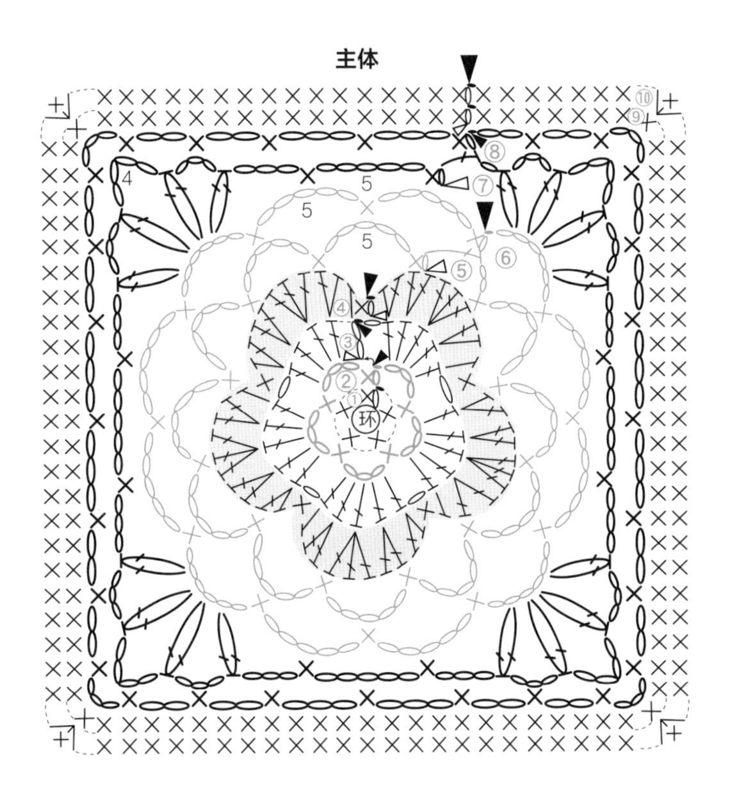

7 图片…p.7 尺寸…10cm×10cm

✤准备材料

线　和麻纳卡 RICH MORE Percent
白色(1)…4g，浅蓝色系(23)…2g，紫色系(50)、黄色系(4)…各1g
针　钩针4/0号

✤钩织方法

第5~9圈：前一圈锁针上的符号均为成束挑起锁针钩织。
※全部钩好后用蒸汽熨斗整烫定型（参照p.35）。

7 配色表

圈数	符号	颜色
8~10	——	1
6、7	——	23
4、5	——	1
3	——	4
	——	50
2	——	50
1	——	4

披肩的花片配色表

圈数	符号	7-a	7-b	7-c
8~10	——	1	1	1
6、7	——	23	23	23
4、5	——	1	1	1
3	——	53	66	4
	——			50
2	——	68	63	50
1	——	4	4	4

主体

角堇和喜林草花片的披肩 图片…p.6 尺寸…参照图示

✤准备材料

线 和麻纳卡 RICH MORE Percent
白色（1）…220g，浅蓝色系（23）…20g，黄绿色系（16）…14g，黄色系（4）、紫色系（50）…各7g，紫色系（56）…6g，紫色系（55）…5g，紫色系（53）、（66）、紫红色系（63）、（68）…各3g，藏青色系（47）…少许
针 钩针4/0号

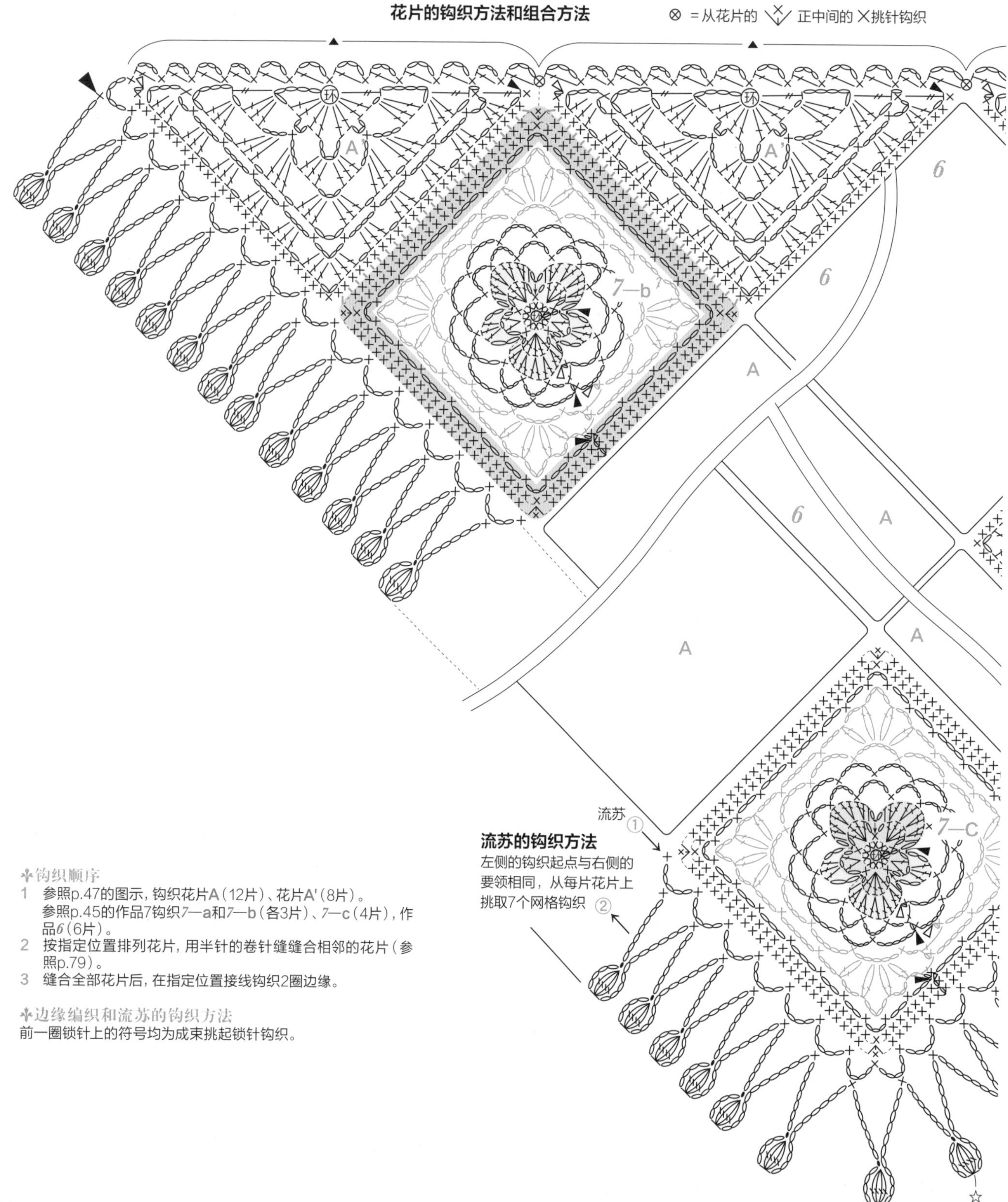

✤钩织顺序

1 参照p.47的图示，钩织花片A（12片）、花片A'（8片）。参照p.45的作品7钩织7—a和7—b（各3片）、7—c（4片），作品6（6片）。
2 按指定位置排列花片，用半针的卷针缝缝合相邻的花片（参照p.79）。
3 缝合全部花片后，在指定位置接线钩织2圈边缘。

✤边缘编织和流苏的钩织方法

前一圈锁针上的符号均为成束挑起锁针钩织。

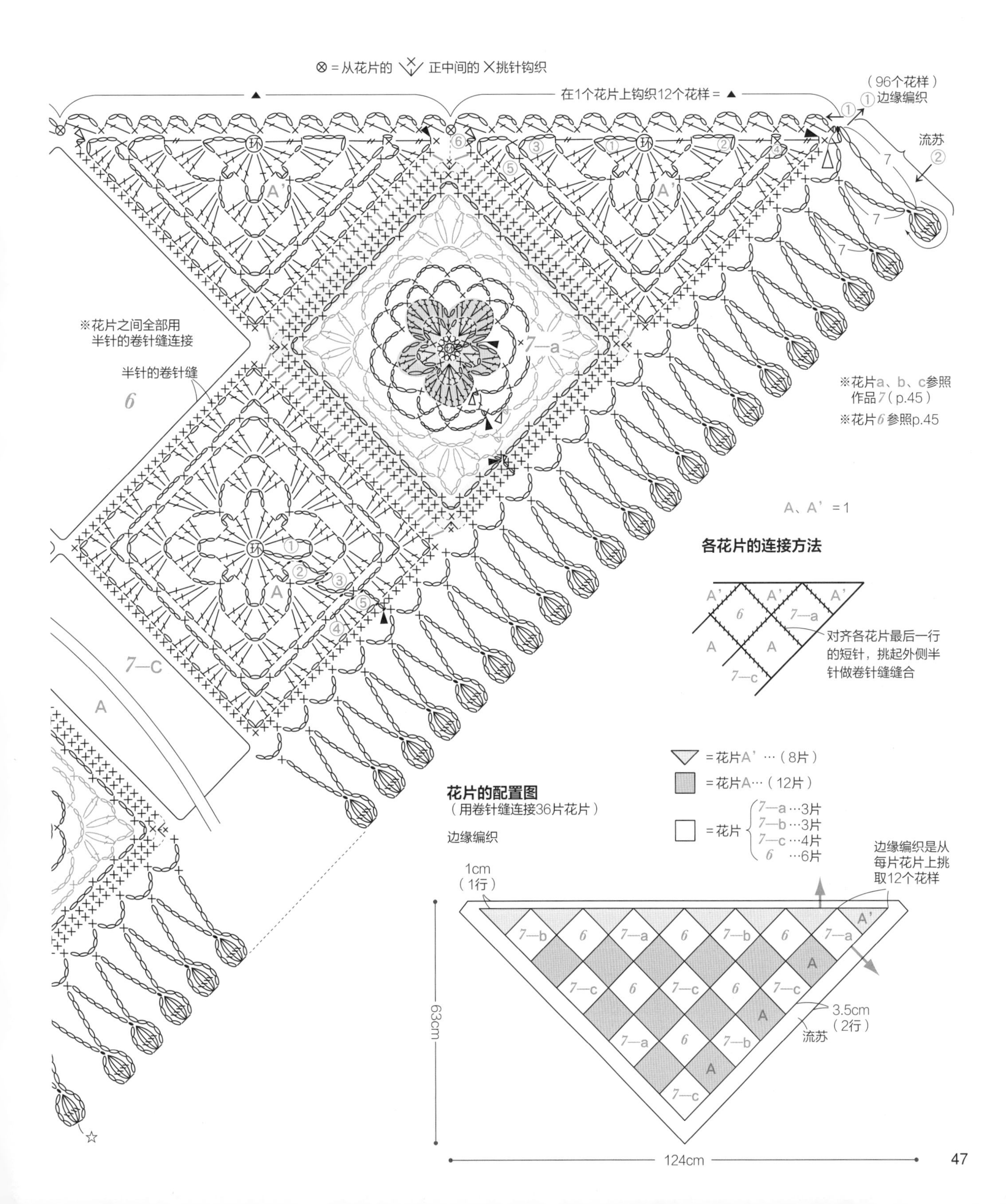
⊗＝从花片的 正中间的 ×挑针钩织
在1个花片上钩织12个花样＝▲
（96个花样）
①边缘编织
流苏
②
7
A'
7—a
※花片之间全部用
半针的卷针缝连接
半针的卷针缝
6
A
7—c
※花片a、b、c参照
作品7（p.45）
※花片6参照p.45
A、A'＝1
各花片的连接方法
对齐各花片最后一行
的短针，挑起外侧半
针做卷针缝缝合
＝花片A'…（8片）
＝花片A…（12片）
＝花片
7—a…3片
7—b…3片
7—c…4片
6…6片
花片的配置图
（用卷针缝连接36片花片）
边缘编织
1cm
（1行）
边缘编织是从
每片花片上挑
取12个花样
7—b
7—c
3.5cm
（2行）
流苏
63cm
124cm

9 图片…p.9 尺寸…10cm×10cm

✤准备材料

线　和麻纳卡 RICH MORE Percent
红色系（73）…4g，米色系（81）…3g，
奶油色系（3）、茶色系（76）…各2g，
黄绿色系（14）…少许
针　钩针5/0号

✤钩织方法

※编织图解按❶、❷的顺序钩织。
第2圈：在第1圈的内侧半针里挑针钩织。
第3圈：在第1圈的外侧半针里挑针钩织。
第4圈：在第3圈的内侧半针里挑针钩织。
第7圈：在第3圈的外侧半针里挑针钩织。
第9、12圈：在第8圈的内侧半针里挑针钩织。
第13圈：在中心花片第8圈的外侧半针里挑针钩织。
第14~16圈：前一圈锁针上的符号均为成束挑起锁针钩织。
※全部钩好后用蒸汽熨斗整烫定型（参照p.35）。

▽ = 接线
▼ = 断线
× = 短针的条纹针
= 3针锁针的狗牙针

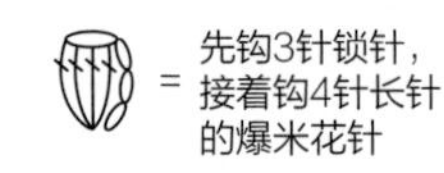
= 先钩3针锁针，接着钩4针长针的爆米花针

❶ 中心的花片（①~⑫）

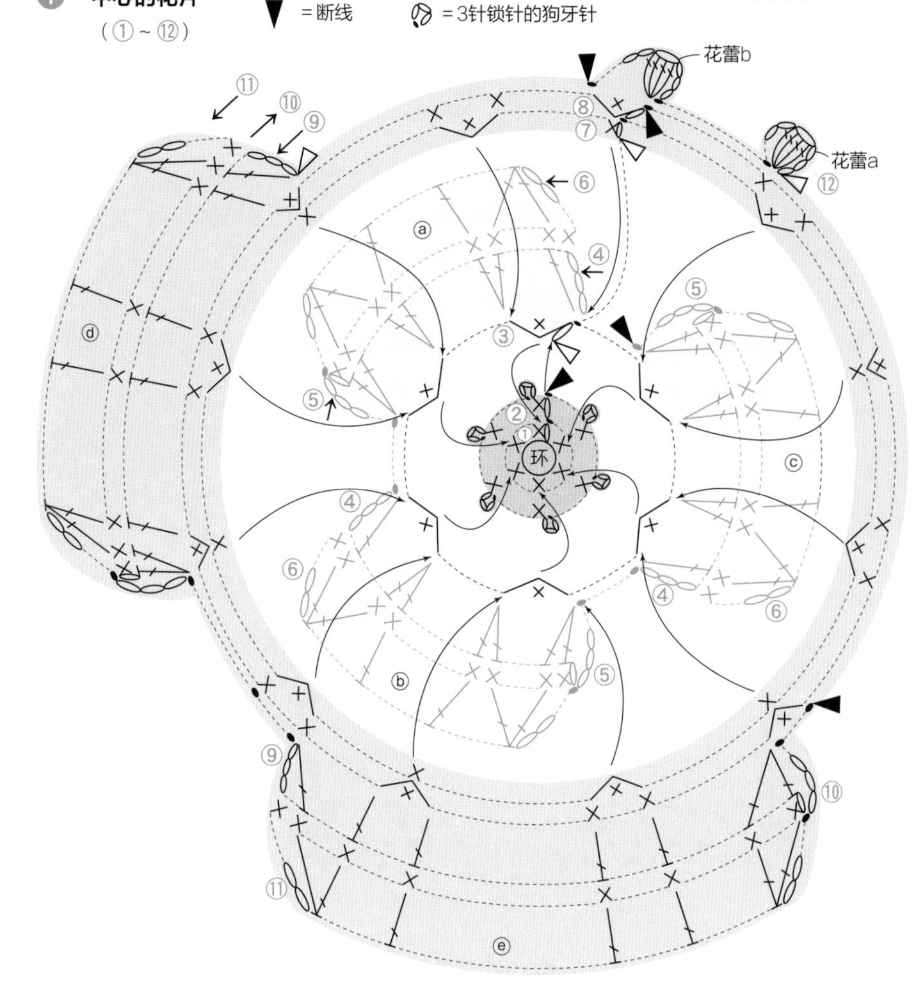

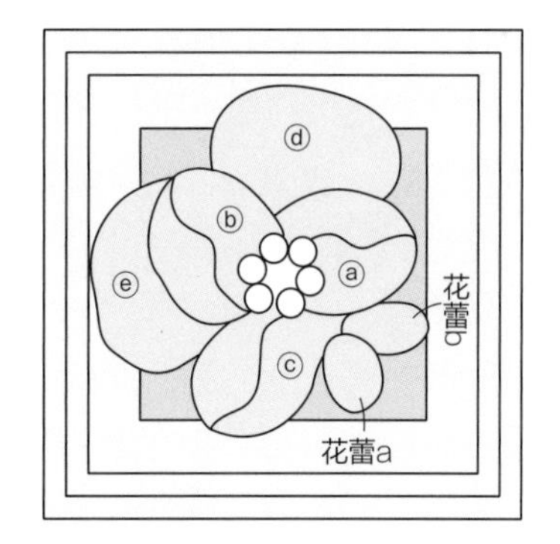

❷ 主体（⑬~⑰）

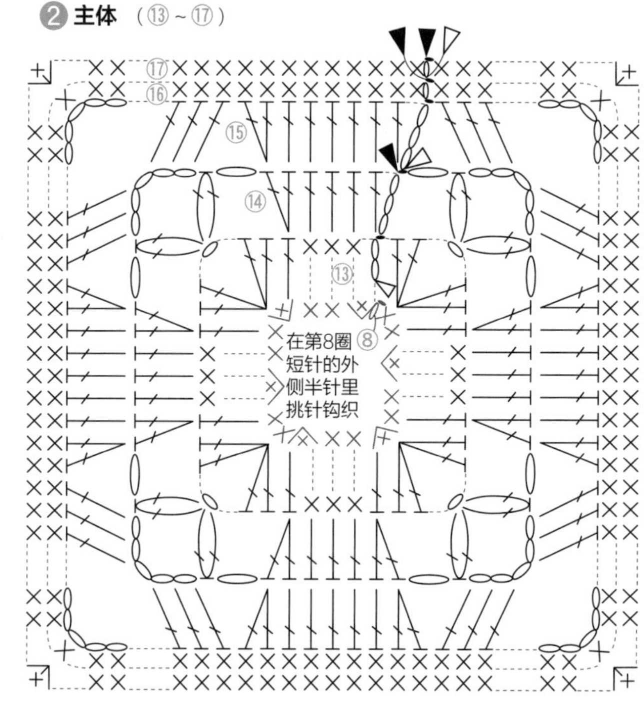

= 短针1针放3针

9 花片的配色表

	圈数	颜色
主体	⑰	3
	⑮、⑯	81
	⑬、⑭	76
花蕾	⑫	73
外侧的花瓣	⑨~⑪	73
基底	⑦、⑧	73
内侧的花瓣	④~⑥	73
基底	③	73
花芯	①、②	14

托特包中花片A、B的配色表

	圈数	花片A 4片	花片B 4片
主体	⑰	3	3
	⑮、⑯	22	22
	⑬、⑭	33	33
花蕾	⑫	70	a=72 b=1
外侧的花瓣	⑨~⑪	72	1
基底	⑦、⑧	70	1
内侧的花瓣	④~⑥	70	a、c=1 b=72
基底	③	70	1
花芯	①、②	6	6

木瓜花片的托特包 图片…p.8 尺寸…参照图示

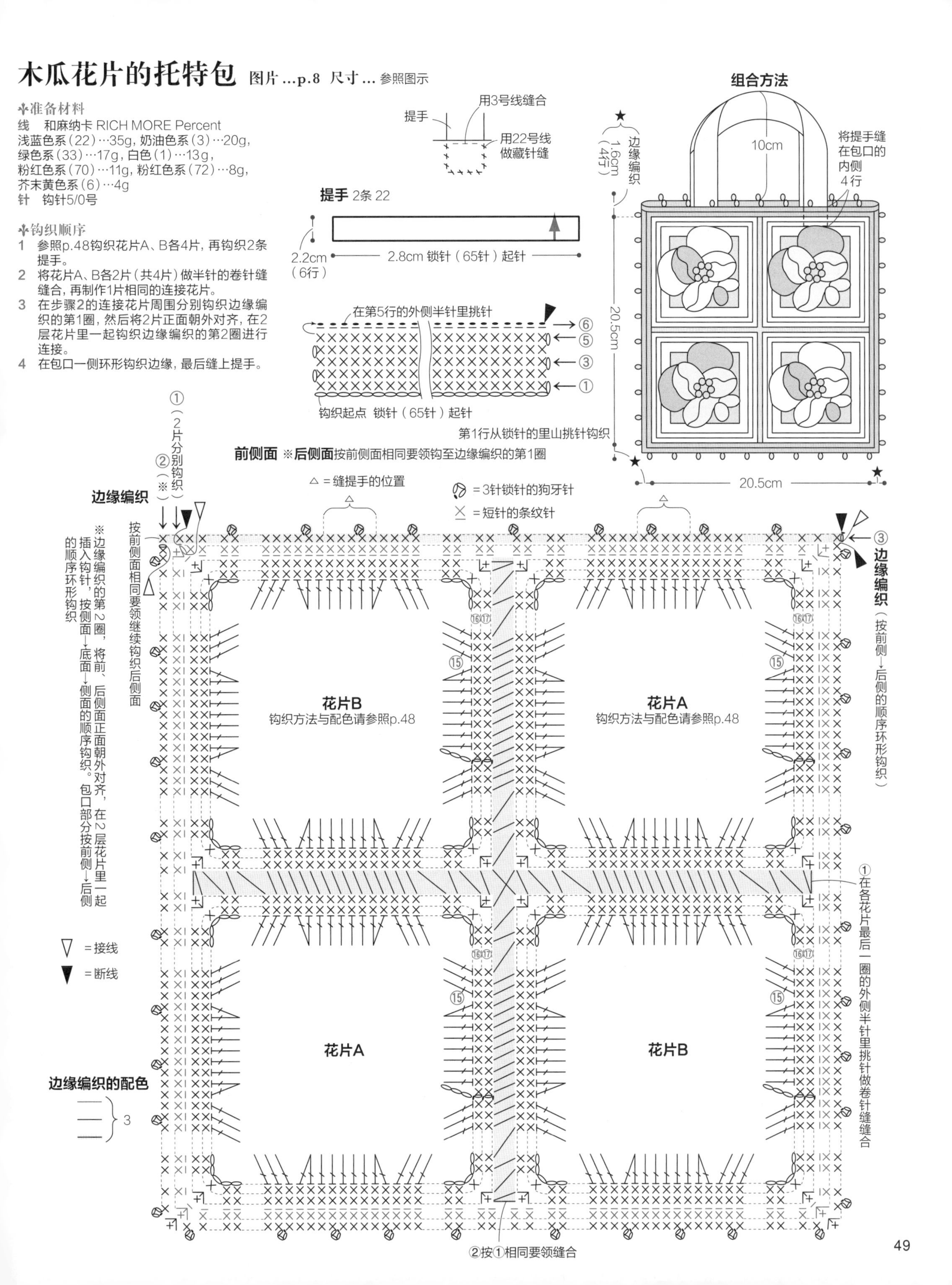

准备材料

线　和麻纳卡 RICH MORE Percent
浅蓝色系（22）…35g，奶油色系（3）…20g，
绿色系（33）…17g，白色（1）…13g，
粉红色系（70）…11g，粉红色系（72）…8g，
芥末黄色系（6）…4g
针　钩针5/0号

钩织顺序

1 参照p.48钩织花片A、B各4片，再钩织2条提手。
2 将花片A、B各2片（共4片）做半针的卷针缝缝合，再制作1片相同的连接花片。
3 在步骤2的连接花片周围分别钩织边缘编织的第1圈，然后将2片正面朝外对齐，在2层花片里一起钩织边缘编织的第2圈进行连接。
4 在包口一侧环形钩织边缘，最后缝上提手。

8 图片…p.9 尺寸…10cm×10cm

✣准备材料
线　和麻纳卡 RICH MORE Percent
粉红色系（70）…4g，白色（1）、粉红色系（114）…各3g，
黄色系（6）…少许
针　钩针5/0号

✣主体的钩织方法
第2、3圈：成束挑起前一圈的锁针钩织。
第4圈：前一圈锁针上的短针均为成束挑起锁针钩织。

✣小花的钩织方法
留出10cm左右的线头开始钩织，一共钩3圈。

✣花蕾的钩织方法
留出10cm左右的线头开始钩织，将线头穿出正面备用。

✣组合方法
将小花和花蕾缝在主体上。缝小花时，先缝好花芯的中心，再将70号线分成2股细线，用细线在几处固定花瓣以免卷起来。
※全部钩好后用蒸汽熨斗整烫定型（参照p.35）。

主体的配色表

圈数	颜色
5	1
4	114
1~3	70

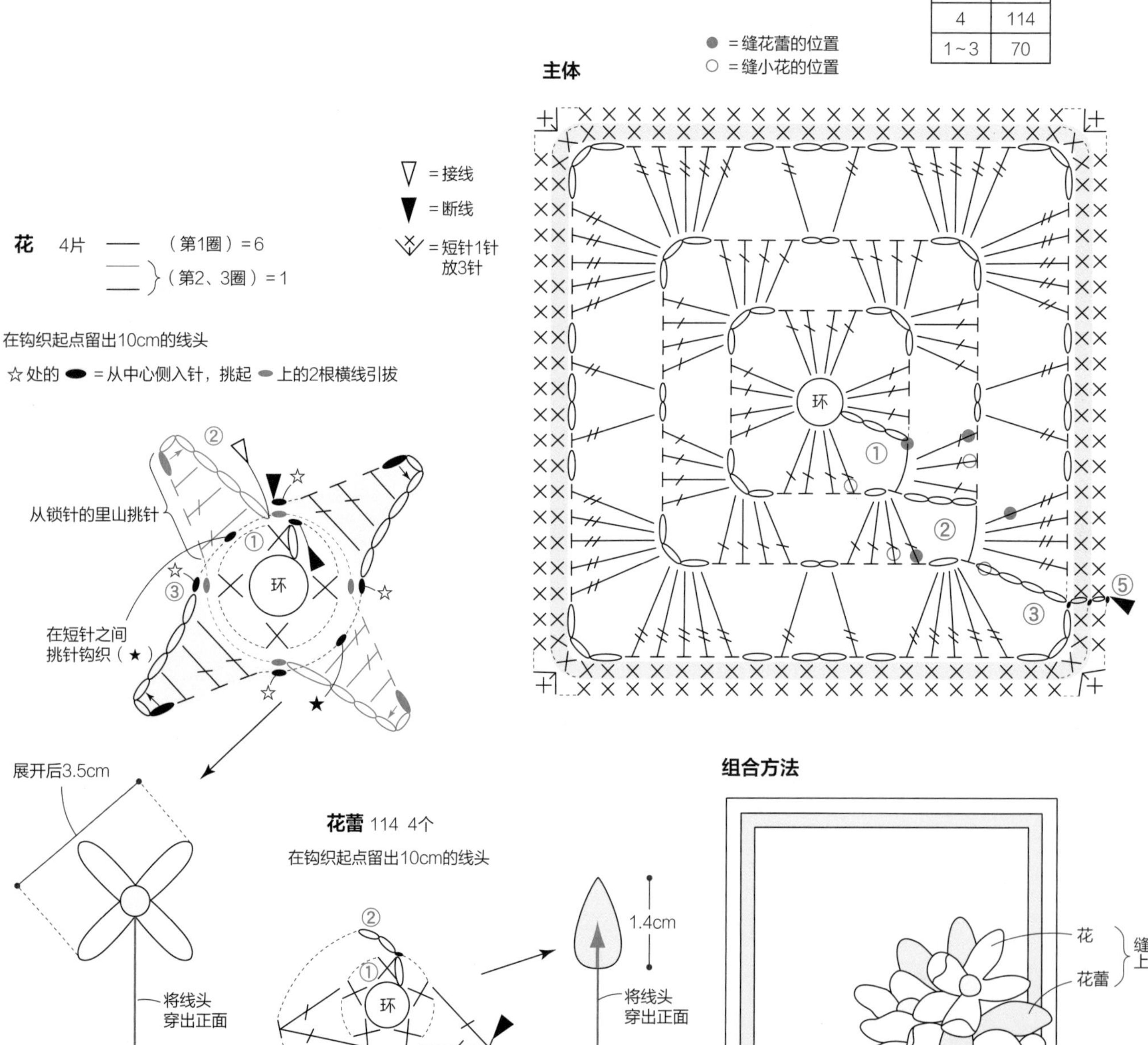

10 图片…p.11 尺寸…直径10cm

准备材料

线　和麻纳卡 RICH MORE Percent

浅蓝色系（23）…5.5g，白色（1）、粉红色系（69）…各2.5g，粉红色系（72）…2g，黄色系（4）…0.5g

针　钩针4/0号

钩织顺序

1　钩织主体、花芯和小花a、b、c。
2　按小花a、b、c、花芯的顺序重叠着在中心穿入缝针，缝在主体上。

※全部钩好后用蒸汽熨斗整烫定型（参照p.35）。

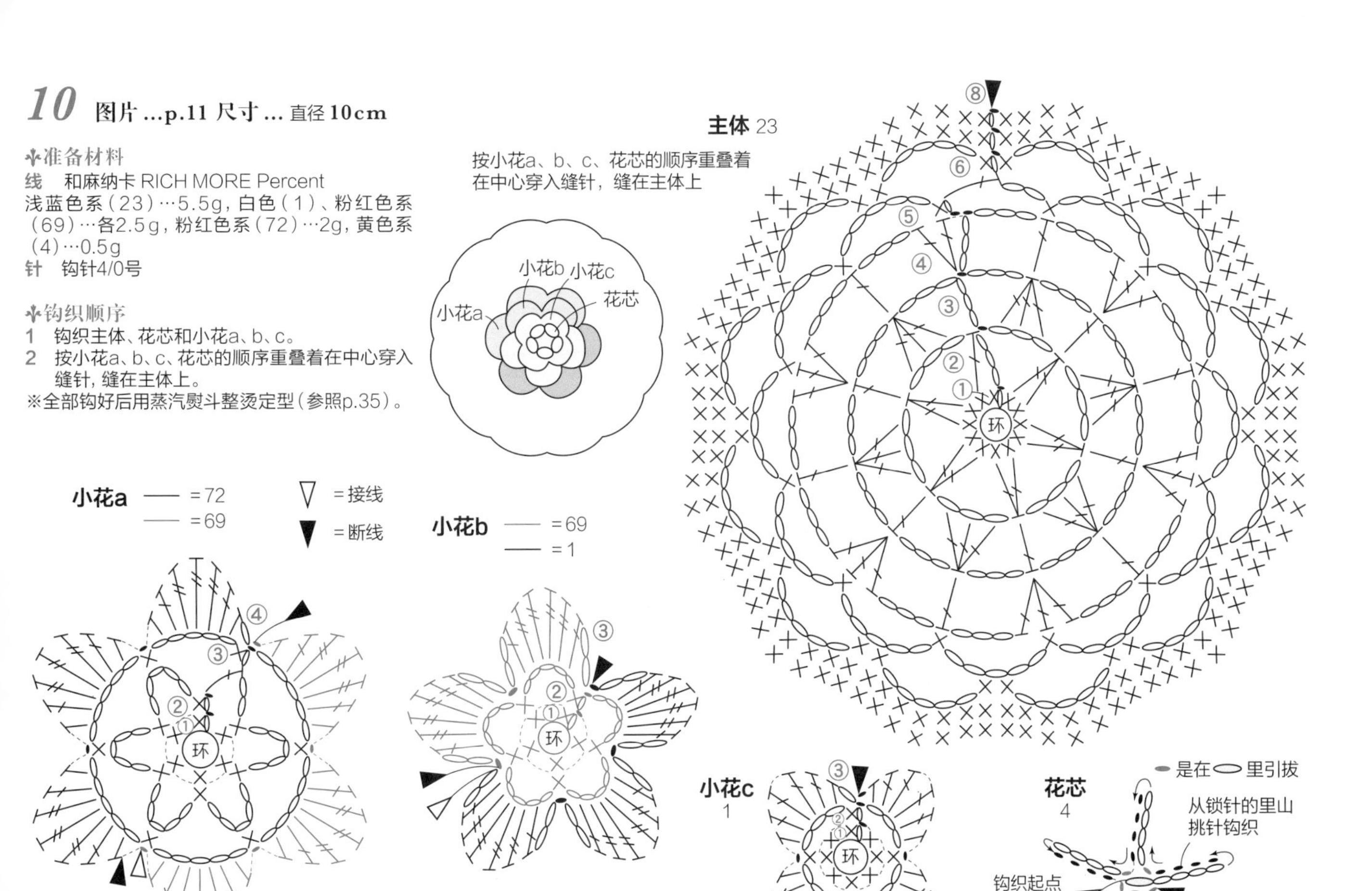

11、12 图片…p.11 尺寸…10cm×10cm

准备材料

线　和麻纳卡中细纯羊毛

11　黄绿色（22）…3.5g，米白色（1）…1.5g，浅紫色（13）…1g，粉红色（36）…0.5g

12　薄荷绿色（34）…3.5g，浅桃红色（31）…1.5g，浅茶色（4）…1g，黄绿色（22）…0.5g

针　钩针3/0号

钩织顺序

1　主体的第2~8圈成束挑起前一圈的锁针钩织。
2　钩织3朵小花，缝在主体的指定位置。

※全部钩好后用蒸汽熨斗整烫定型（参照p.35）。

= 接线

= 断线

= 短针1针放3针

= 2针锁针的狗牙针

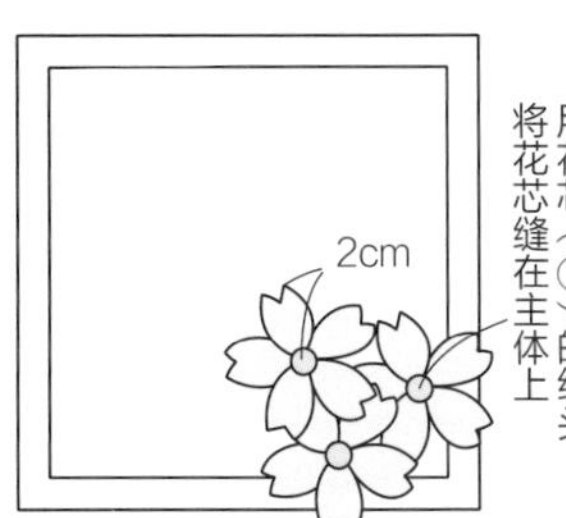

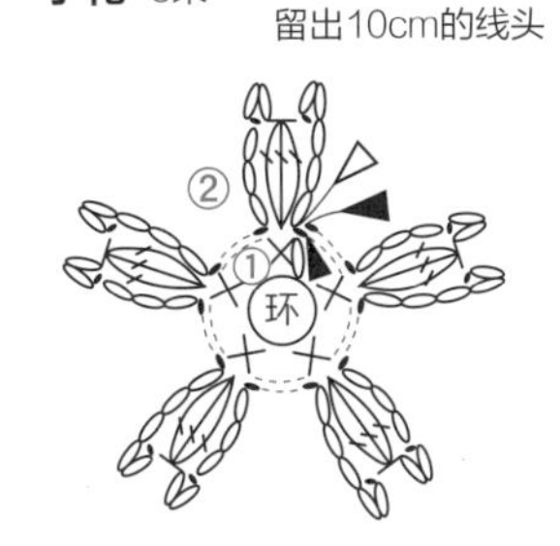

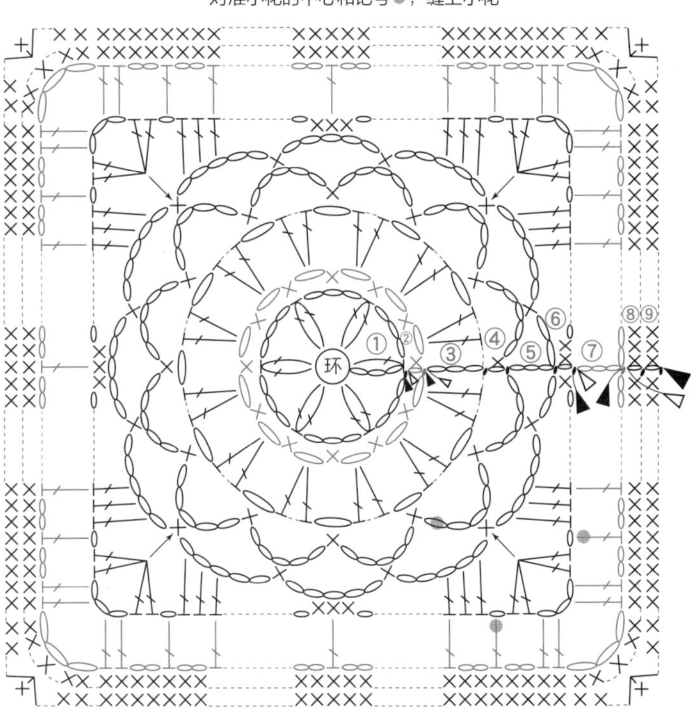

配色表

	主体		花芯（①）	花瓣（②）
11	—— = 黄绿色	—— = 浅紫色	粉红色	米白色
12	—— = 薄荷绿色	—— = 浅茶色	黄绿色	浅桃红色

31 图片 ...p.23 尺寸 ... 直径10cm

✤准备材料

线　和麻纳卡 RICH MORE Percent
白色（1）…3g，紫色系（53）…2g，绿色系（13）、黄色系（101）…各1g
针　钩针4/0号

主体

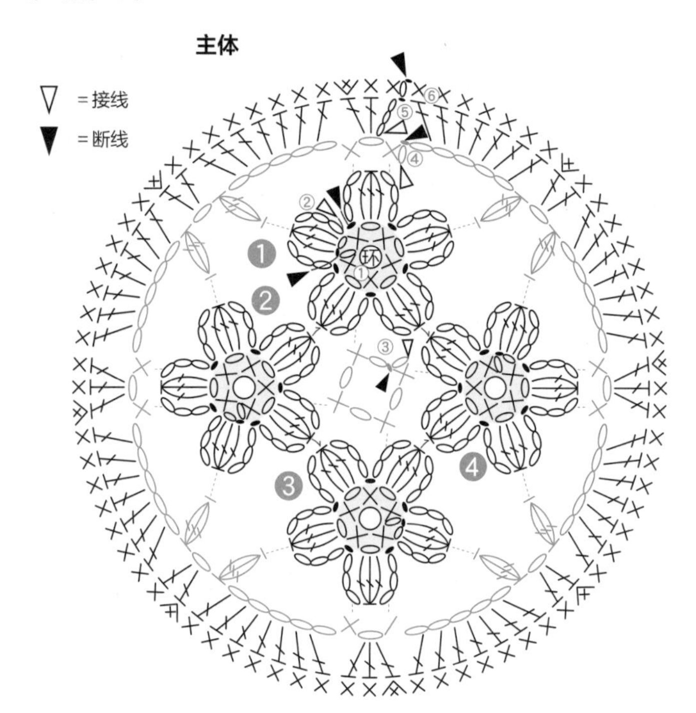

✤主体的钩织方法

第2圈：3针长针的枣形针是成束挑起前一圈的锁针钩织。从第2朵小花开始，一边钩织一边在指定位置做连接（参照p.35）。
第3圈：在连接花片的中心一边钩织一边做连接。短针（╳）是从前一圈锁针的里山挑针钩织。
第4圈：在连接花片的外围一边钩织一边做连接。短针（╳）按第3圈相同要领钩织。3针长针的枣形针是在第2圈的3针长针的枣形针头部的外侧半针里挑针钩织。
第5圈：长针是成束挑起前一圈的锁针钩织。
※全部钩好后用蒸汽熨斗整烫定型（参照p.35）。

1 = 钩长针连接的位置
（钩3针锁针后暂时取下钩针，在指定位置插入钩针，接着插入刚才取下的针脚里，钩3针长针的枣形针）

 = 3针长针的枣形针的条纹针

主体的针数表

圈数	针数 / 花样个数
第6圈	84针
第5圈	76针
第4圈	64针
第3圈	8针
第2圈	5个花样
第1圈	10针

主体的配色表

	圈数	颜色
——	第5、6圈	1
——	第3、4圈	13
——	第2圈	53
——	第1圈	101

紫芳草花片的多用途盖巾 图片 ...p.22 尺寸 ...40cm×27cm

✤准备材料

线　和麻纳卡 RICH MORE Percent
白色（1）…28g，紫色系（53）…21g，绿色系（13）…10g，黄色系（101）…5g
针　钩针4/0号

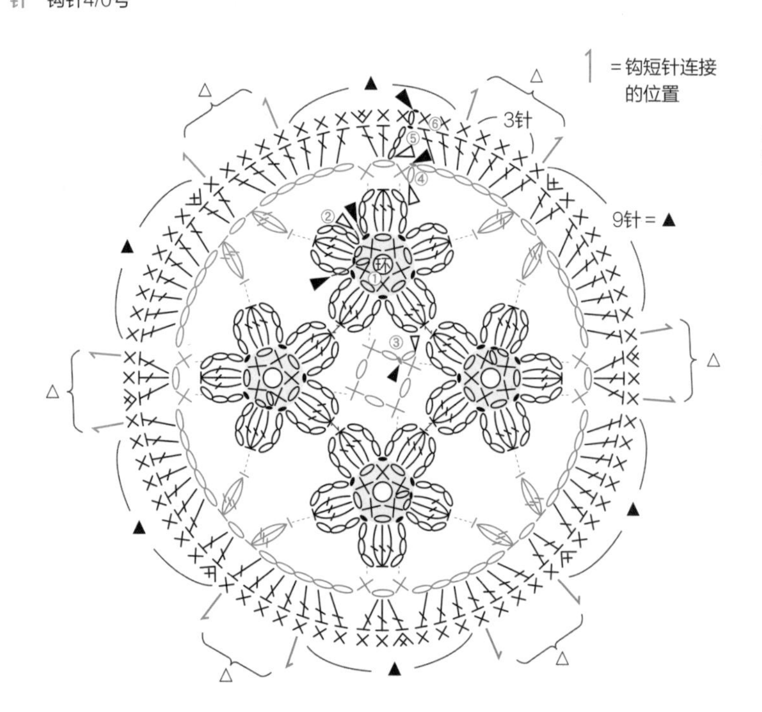

多用途盖巾的连接位置

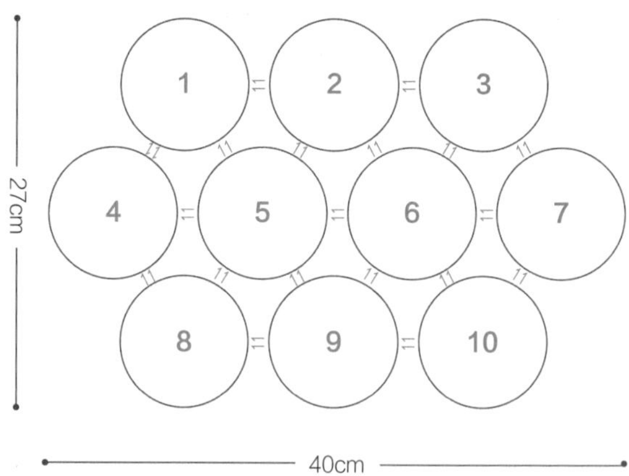

※ 花片请参照作品 *31* 钩织

✤钩织顺序（连接位置请参照p.53）

1　钩织1片花片1。
2　在花片2第6圈的指定位置暂时取下钩针，在花片1的指定针脚处插入钩针，将刚才取下的针脚拉出，接着钩3针短针，再次在花片1里插入钩针，继续钩织花片2。
3　花片3~10按相同要领一边钩织一边在指定位置做连接。

多用途盖巾的连接位置

| = 钩短针连接的位置

1
2
3
4
5
6
7
8
9
10

29 图片…p.23 尺寸…直径10cm

✤准备材料

线　和麻纳卡 RICH MORE Percent
藏青色系（47）…3g，紫色系（56）…2g，黄色系（5）…1g
针　钩针4/0号

✤主体的钩织方法

第1~3圈将针脚的反面用作正面。
第4圈：将第1~3圈的反面针目当作正面，在前一圈的引拔针里挑针钩1针起立针，接着钩1针短针和7针锁针。中长针和长针从锁针的里山挑针钩织。
第5圈：短针（×）是从前一圈立起的锁针（⬭）的外侧半针和里山挑针钩织。
第6、7圈：前一圈锁针上的符号均为成束挑起锁针钩织。
※全部钩好后用蒸汽熨斗整烫定型（参照p.35）。

主体

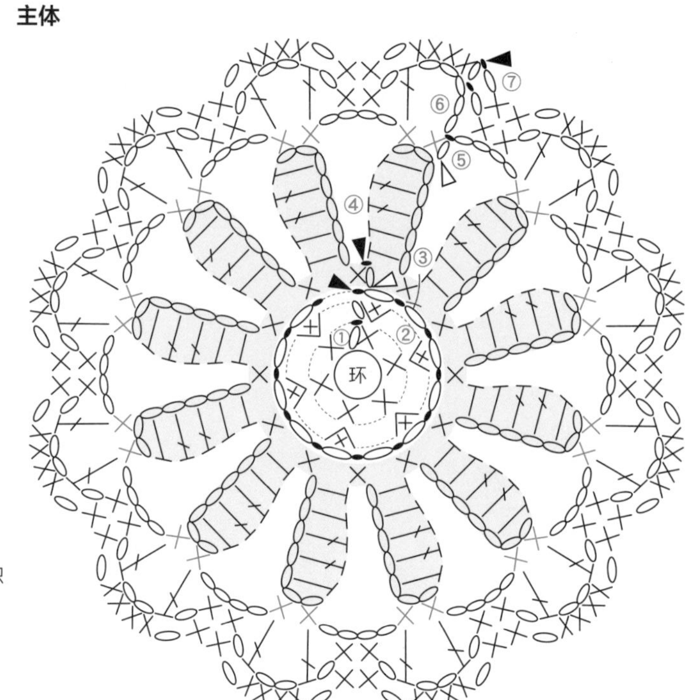

主体的配色表

圈数	颜色
第5~7圈	47
第4圈	56
第1~3圈	5

▽ = 接线
▼ = 断线
×（第5圈）= 从第4圈锁针的里山和外侧半针里挑针钩织

30 图片…p.23 尺寸…直径10cm

✤准备材料

线　和麻纳卡 RICH MORE Percent
奶油色系（20）…4g，紫色系（49）…2g，
藏青色系（47）、黄绿色系（14）…各少许
针　钩针4/0号

✤主体的钩织方法

第3圈：成束挑起前一圈的锁针钩织。
第4圈：3针中长针的枣形针是成束挑起前一圈的锁针钩织。
第5圈：前一圈的长针2针并1针上的短针在外侧半针里挑针钩织，其他短针都是成束挑起前一圈的锁针钩织。
第7、8圈：短针是成束挑起前一圈的锁针钩织。
※全部钩好后用蒸汽熨斗整烫定型（参照p.35）。

主体

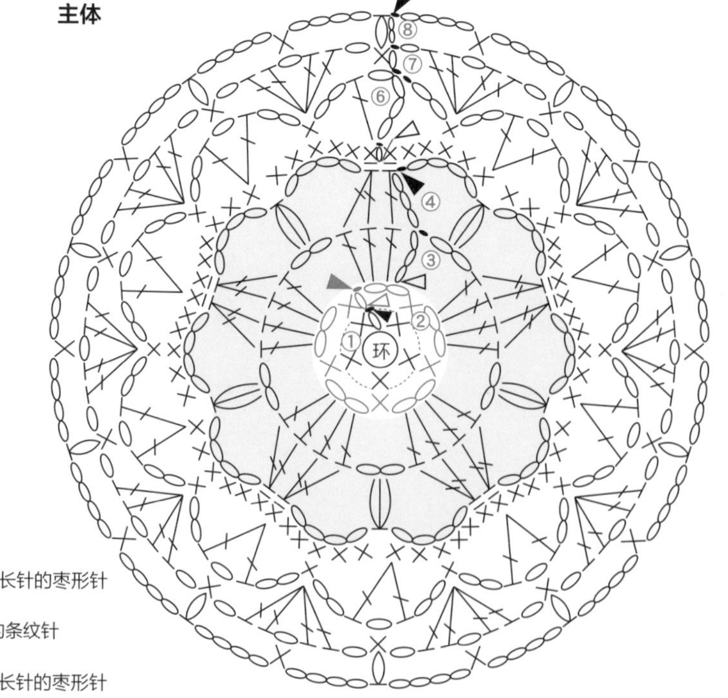

主体的配色表

	圈数	颜色
——	第5~8圈	20
——	第3、4圈	49
——	第2圈	14
——	第1圈	47

▽ = 接线
▼ = 断线
（第8圈）= 2针中长针的枣形针
（第5圈）= 短针的条纹针
（第4圈）= 3针中长针的枣形针

14 图片…p.13 尺寸…10cm×10cm

✤准备材料

线　和麻纳卡 RICH MORE Percent
蓝色系（111）…3g，白色（1）、黄绿色系（16）、紫色系（56）…各1g
针　钩针4/0号

✤钩织方法

※编织图解按❶、❷的顺序钩织。
第2圈：在花芯第1圈的内侧半针里挑针钩引拔针。
第3圈：将第2圈翻向内侧，在花芯第1圈的外侧半针里挑针钩织。从第2朵小花开始，一边钩织一边在指定位置做连接。
第4圈：将织片翻至反面，在指定位置接线钩织填充空隙。★是在花片连接时⬬的针脚里挑针。
第5、6圈：前一圈锁针上的符号均为成束挑起锁针钩织。
※全部钩好后用蒸汽熨斗整烫定型（参照p.35）。

❷ 主体

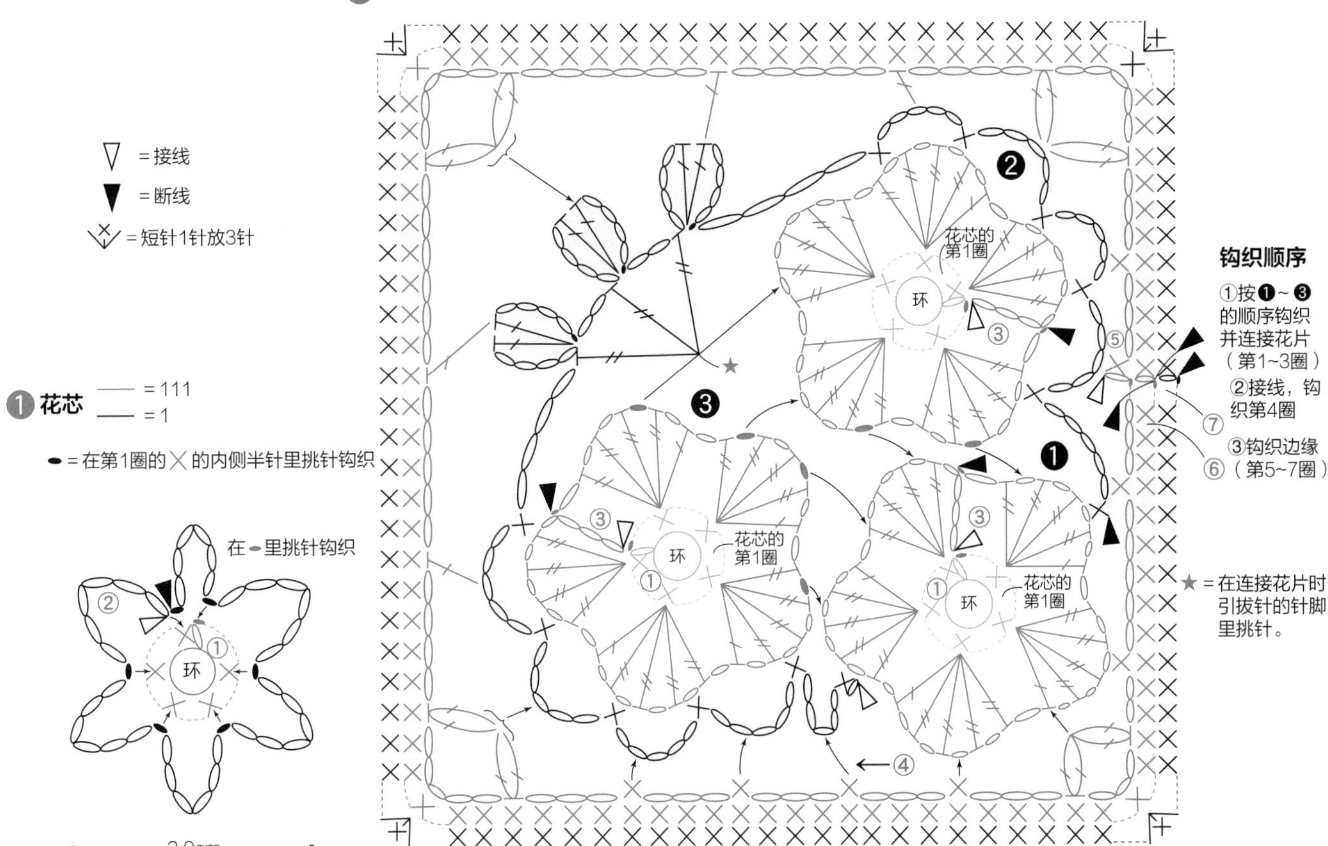

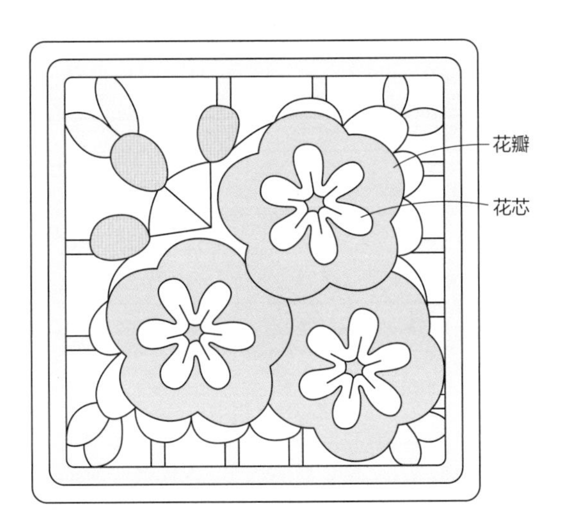

花芯、主体的配色表

圈数	符号	颜色
7	——	1
5、6	——	16
4	——	56
3	——	111
2	——	1
1	——	111

花片的连接方法

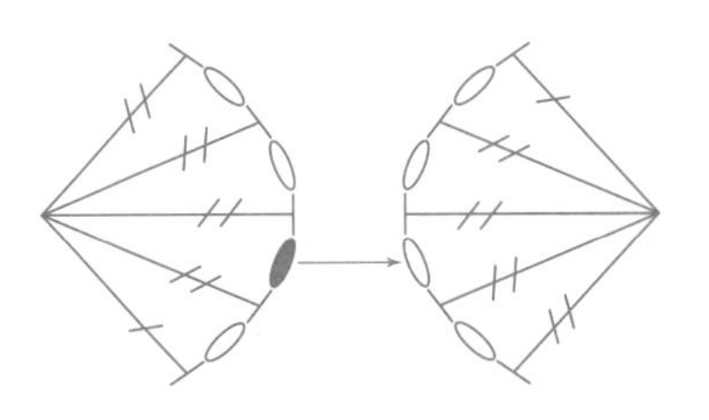

从正面将钩针插入待连接针脚，
成束挑起钩引拔针（参照p.35）

13 图片…p.13 尺寸…10cm×10cm

✤准备材料

线 和麻纳卡 RICH MORE Percent
紫红色系（63）…7g，紫色系（67）…3g，粉红色系（69）…1g，浅蓝色系（22）…少许
针 钩针4/0号

✤花芯、花瓣的钩织方法

※编织图解按❶、❷的顺序钩织。
第2圈：短针是在第1圈的内侧半针里挑针钩织。
第3、4圈：前一圈锁针上的符号均为成束挑起锁针钩织。

✤主体的钩织方法

第5圈：在花芯的第1圈剩下的外侧半针里挑针钩织。
第6~9圈：前一圈锁针上的符号均为成束挑起锁针钩织。
※全部钩好后用蒸汽熨斗整烫定型（参照p.35）。

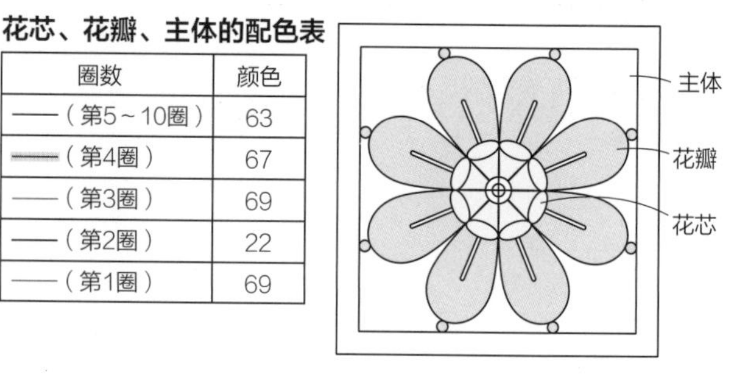

花芯、花瓣、主体的配色表

圈数	颜色
——（第5～10圈）	63
——（第4圈）	67
——（第3圈）	69
——（第2圈）	22
——（第1圈）	69

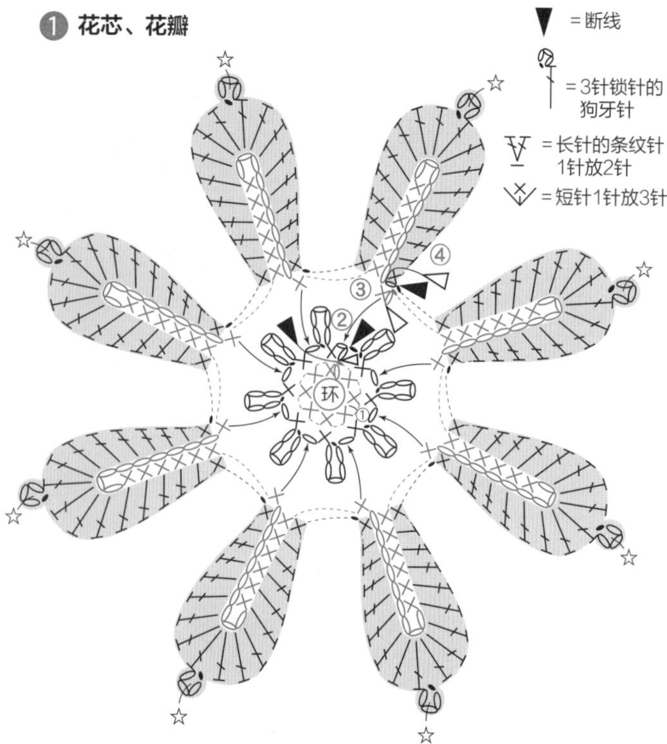

❷ 主体　第9圈的⊗是在花瓣第4圈的☆部分一起挑针钩织

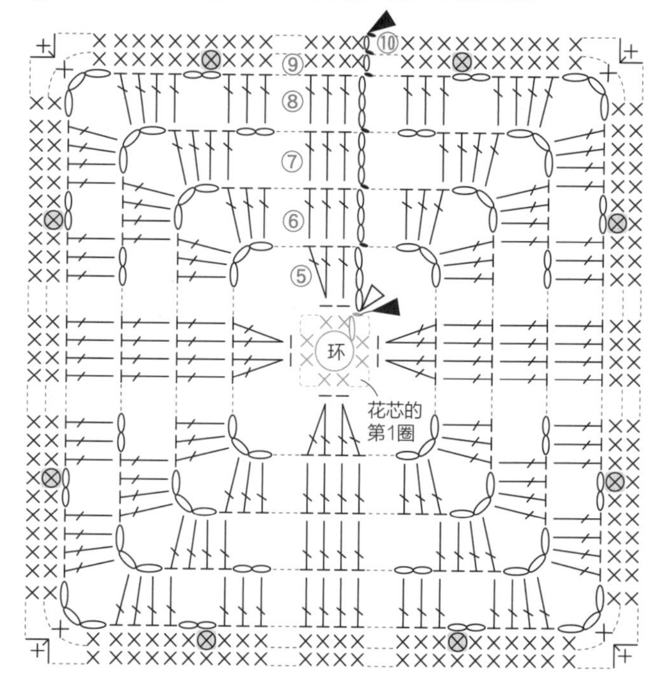

铁线莲花片的束口袋

图片…p.12 尺寸…参照图示

✤准备材料

线 和麻纳卡 RICH MORE Percent
灰色系（121）…60g，紫色系（68）…15g，
奶油色系（3）…7g，黄绿色系（16）…4g，白色（1）…3g
针 钩针4/0号

✤钩织方法

1 钩织底部（1片）、侧面花片（4片）、绳子末端花片（2片）。按罗纹绳（100针）的要领钩织2条细绳，用熨斗熨烫至50cm长。
2 将底部和侧面花片正面朝外对齐，在2层织片的外侧半针里一起挑针钩织短针，分别将4片花片与底部拼接在一起。
3 按步骤2相同要领拼接相邻的侧面花片。
4 从侧面花片上挑针（112针），按编织花样钩织14圈。
5 在编织花样的针脚中穿入细绳，并在两头缝上绳子末端花片。
※全部钩好后用蒸汽熨斗整烫定型（参照p.35）。

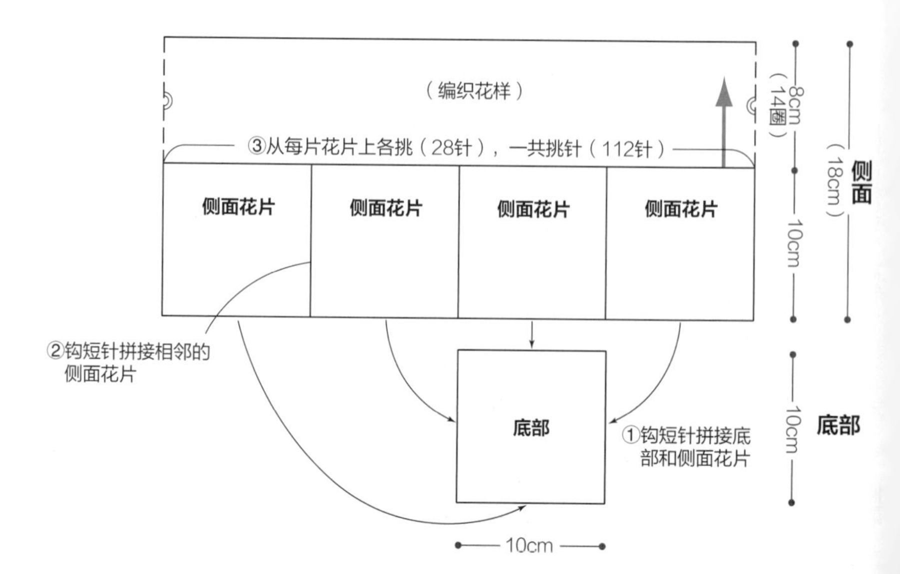

侧面

——（①~⑬）=121
——（⑭）=1

（钩短针拼接底部和侧面花片后，从侧面花片的指定位置挑取针脚）

穿绳位置

从☆接着钩织

从1片侧面花片上挑针（28针）=△

跳过连接侧面花片时的短针不挑针△

从2片侧面花片上挑针（56针）

继续钩织★

底部 121

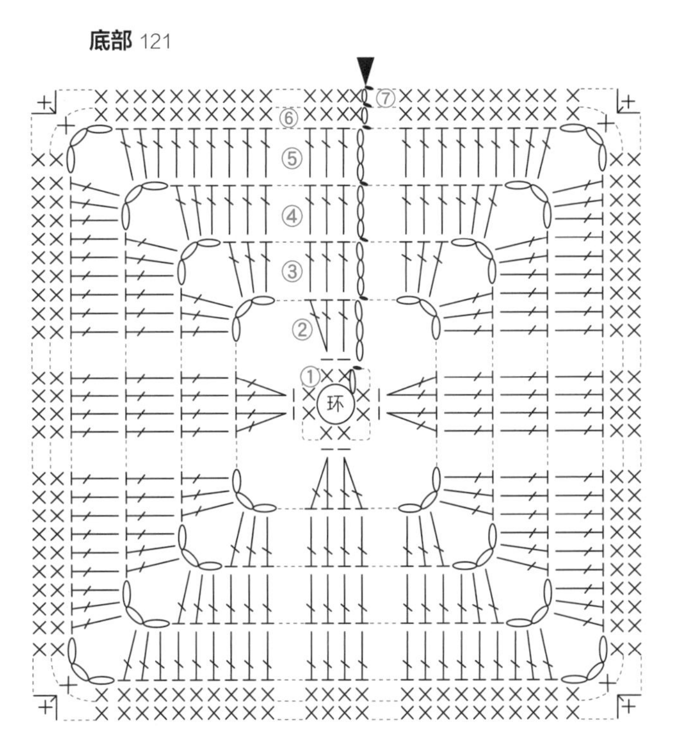

侧面 花片
4片

※侧面花片的钩织方法请参照p.56的*13*

花芯、花瓣、主体的配色表

圈数	颜色
——（第5~10圈）	121
——（第4圈）	68
——（第3圈）	3
——（第2圈）	16
——（第1圈）	5

绳子末端花片
2片 1

细绳 2条 121

按罗纹绳的要领（参照p.43）钩织100针，再用熨斗整烫至50cm长

组合方法

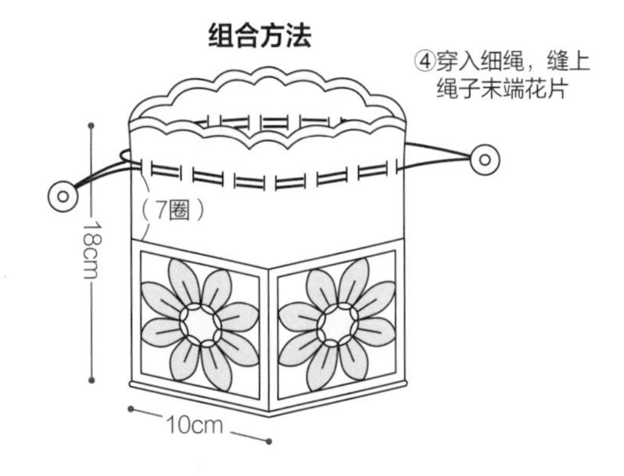

15、16 图片…p.14 尺寸…直径10cm

✤准备材料

线　和麻纳卡 RICH MORE Percent

15　粉红色系(69)…4.5g，浅蓝色系(22)…3g，紫色系(53)、(56)…各1.5g

16　黄绿色系(36)…4.5g，奶油色系(3)…3g，白色(1)、(95)…各1.5g

针　钩针4/0号

✤主体的钩织方法

第2~4圈、第7圈：前一圈锁针上的符号均为成束挑起锁针钩织。钩织主体和指定朵数的小花后，将小花缝在主体的指定位置。

※全部钩好后用蒸汽熨斗整烫定型(参照p.35)。

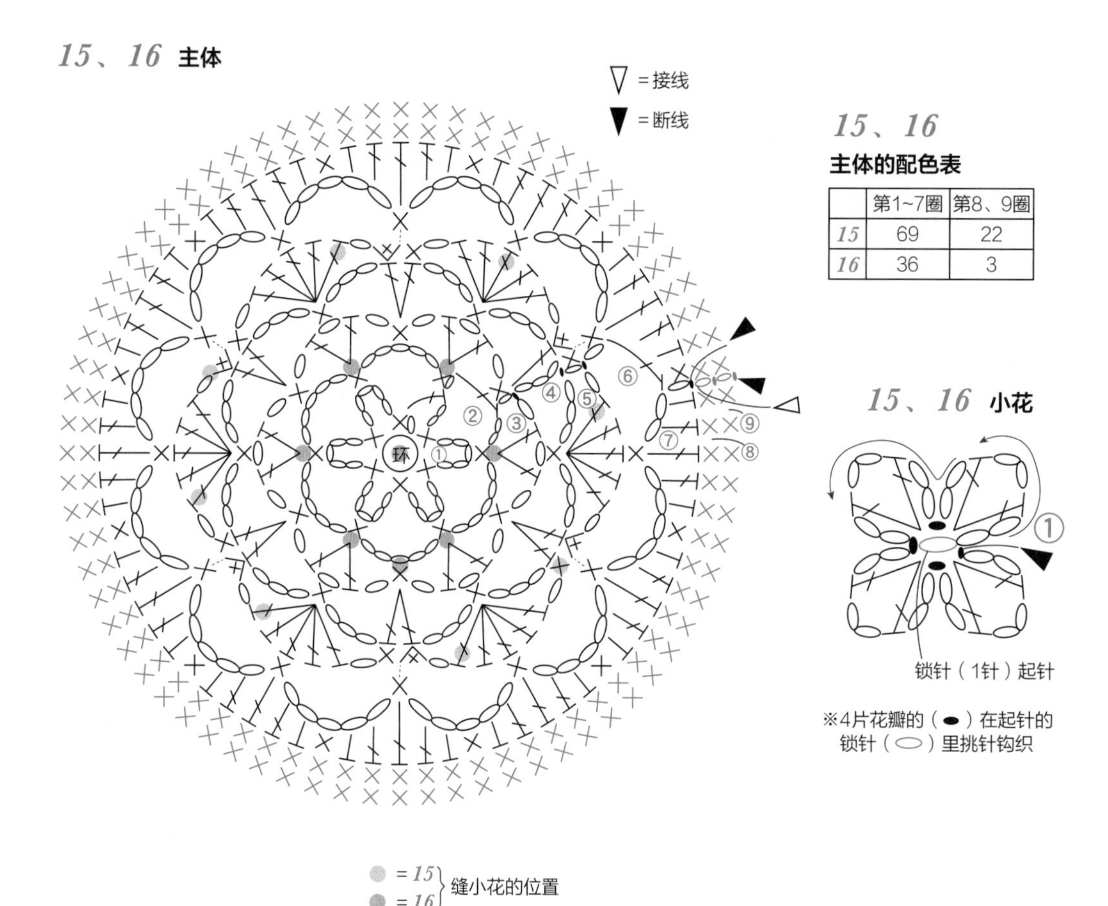

15、16 主体的配色表

	第1~7圈	第8、9圈
15	69	22
16	36	3

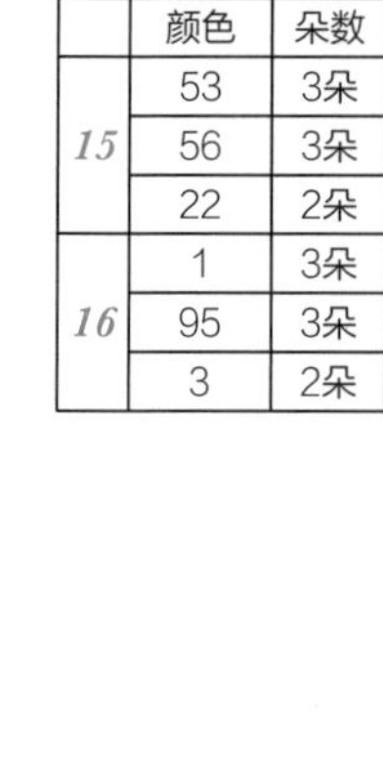

小花的配色表

	颜色	朵数
15	53	3朵
	56	3朵
	22	2朵
16	1	3朵
	95	3朵
	3	2朵

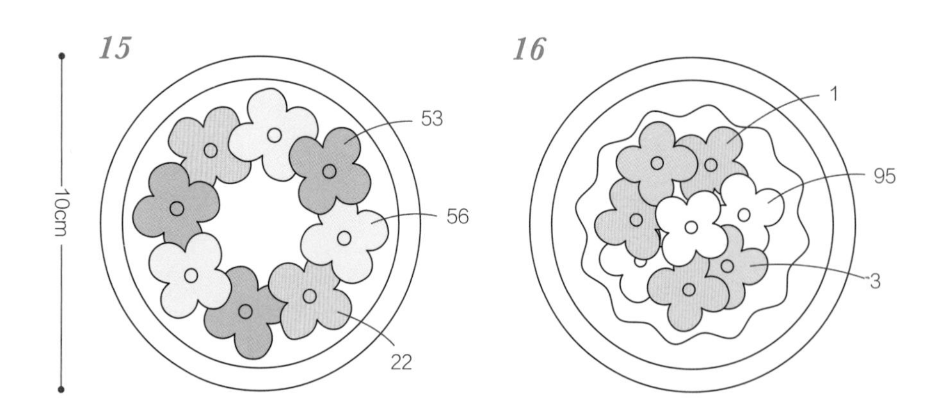

17、*18* 图片…p.15 尺寸…10cm×10cm

✤准备材料

线　和麻纳卡 RICH MORE Percent

17　粉红色系(69)…4g，黄色系(4)、红色系(74)…各2.5g，橙色系(86)…1g

18　奶油色系(3)…4g，粉红色系(70)、灰色系(93)…各2.5g，黄色系(101)…1g

针　钩针4/0号

✤钩织方法

第4、5圈：前一圈锁针上的符号均为成束挑起锁针钩织。
第5圈：挑起第3圈的短针钩织外钩长针。
第6圈：短针和长针是在前一圈的外侧半针里挑针钩织。
第7~9圈：前一圈锁针上的符号均为成束挑起锁针钩织。

17、*18* 主体

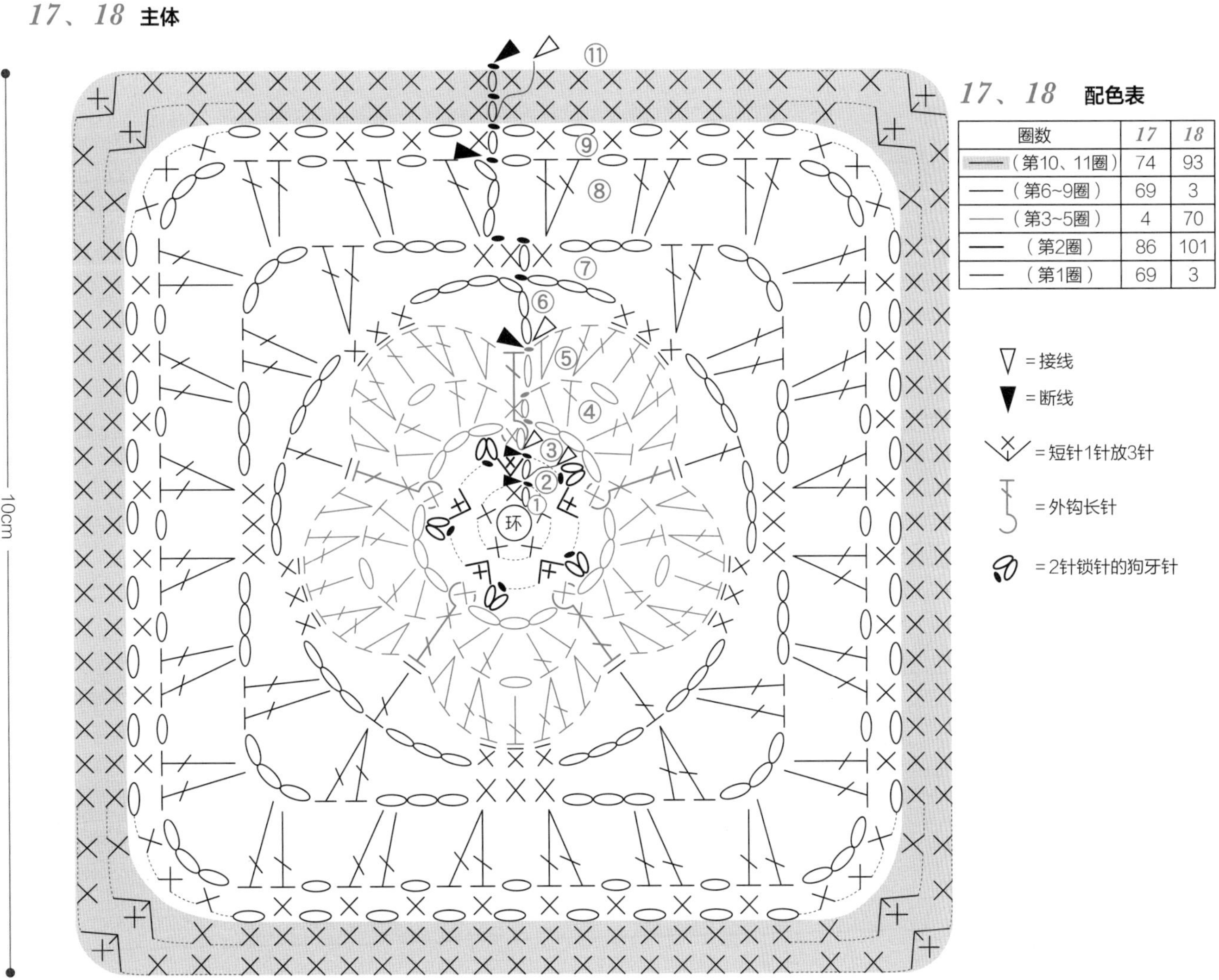

17、18 配色表

圈数	*17*	*18*
(第10、11圈)	74	93
(第6~9圈)	69	3
(第3~5圈)	4	70
(第2圈)	86	101
(第1圈)	69	3

19・20 图片…p.16 尺寸…10cm×10cm

✤准备材料

线　和麻纳卡 RICH MORE Percent

19　绿色系（33）…4g，粉红色系（70）…2g，粉红色系（114）、茶色系（89）…各1g

20　绿色系（104）…4g，黄色系（4）…2g，白色（1）、橙色系（86）…各1g

针　钩针4/0号

✤花、主体的钩织方法

※编织图解按❶、❷的顺序钩织。

第3圈：在第2圈的短针里钩引拔针，接着钩3针锁针，成束挑起锁针钩5针长针，再钩3针锁针和引拔针。

第4圈：将第3圈翻向内侧，在第2圈的短针里挑针钩短针，接着钩4针锁针。

第5圈：成束挑起前一圈的锁针钩织。

第7~10圈：前一圈锁针上的符号均为成束挑起锁针钩织。

✤花瓣的钩织方法

第12圈：在第3圈的锁针（立起的锁针）上接线，钩2针引拔针，接着如图所示钩织5片花瓣。

※全部钩好后用蒸汽熨斗整烫定型（参照p.35）。

19、*20* ❶ **主体**（第1~11圈）

19、*20* **主体配色表**

圈数	*19*	*20*
——（第12圈）	114	1
——（第10、11圈）	89	86
——（第4~9圈）	33	104
——（第1~3圈）	70	4

▽ ＝接线

▼ ＝断线

（第11圈）＝短针1针放3针

❷ **花瓣**（第12圈）　＝2针锁针的狗牙针

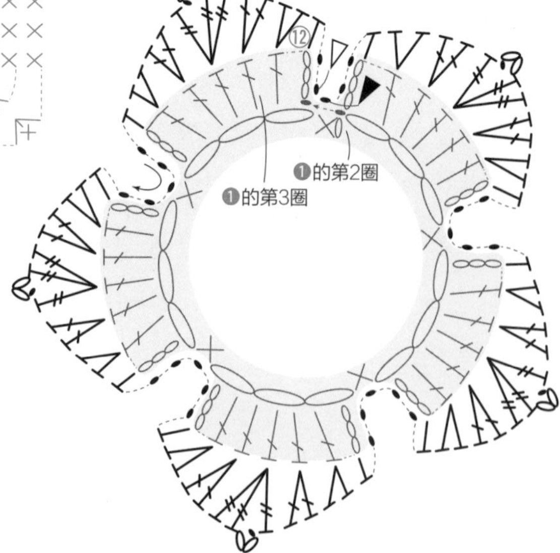

21、*22* 图片…p.17 尺寸…15cm×15cm

✤准备材料

线　和麻纳卡 RICH MORE Percent

21　红色系(73)、绿色系(104)…各9g，黄色系(6)…3g，黄绿色系(16)…2g，黄色系(101)…1g

22　黄色系(4)、绿色系(33)…各9g，黄绿色系(16)…3g，茶色系(89)…2g，橙色系(117)…1g

针　钩针4/0号

✤钩织方法

※编织图解按❶~❸的顺序钩织。

第3圈：长针是成束挑起前一圈的锁针钩织。

第4圈：在第3圈的锁针(⬭)针脚里挑针钩短针。

第5、6圈：短针是成束挑起前一圈的锁针钩织。

第7~10圈：长针是成束挑起前一圈的锁针钩织。

第11圈：在前一圈的锁针上挑针时，成束挑起锁针钩织。

第13~15圈：参照❷在第3圈长针的头部挑针钩织，每5针长针上钩织1片花瓣。

※全部钩好后用蒸汽熨斗整烫定型(参照p.35)。

21、*22* ❶ 主体(第1~12圈)

▽ =接线

▼ =断线

(第12圈) =短针1针放3针

配色表

圈数	*21*	*22*
——(第13~15圈)	73	4
——(第11、12圈)	6	16
——(第10圈)	104	33
——(第9圈)	16	89
——(第4~8圈)	104	33
——(第1~3圈)	73	117

21、*22* ❷ 花瓣(第13~15圈)

21 =73
22 =101

※一共钩织5个花样

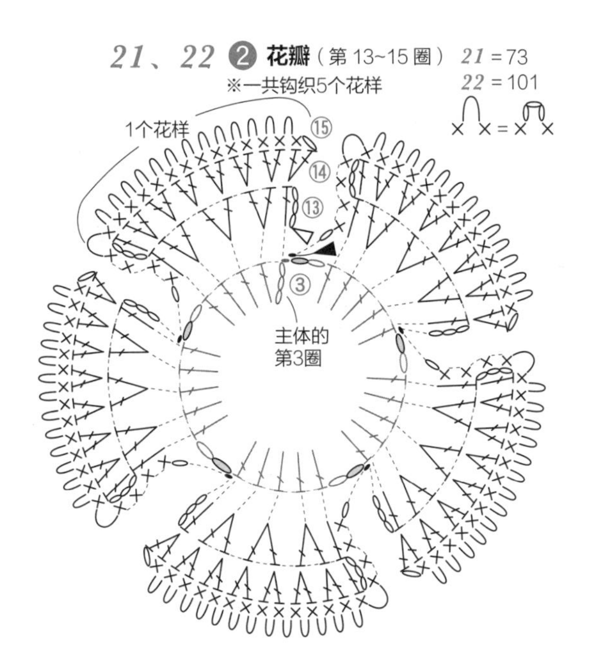

21、*22* ❸ 花芯

21 =101
22 = 4

组合方法

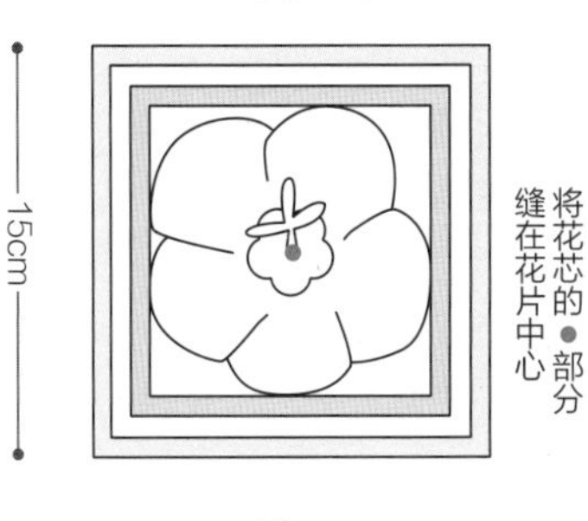

23、*24* 图片…p.18 重点教程…p.36 尺寸…10cm×10cm

✤准备材料

线　横田 iroiro

23　冰蓝色（19）…3g，橘色（35）、乳黄色（33）、浅绿色（28）…各2g，粉橘色（39）…1g

24　粉红色（42）、草绿色（26）…各3g，紫红色（43）、褐灰色（10）…各2g，柠檬黄色（31）…少许

针　钩针3/0号

❶ 主体（第1~9圈）

（参照p.36）

▽ = 接线

▼ = 断线

= 短针1针放2针

= 短针1针放3针

= 3针中长针的枣形针

23、*24* 配色表

	圈数	*23*	*24*
——	第13、14圈	浅绿色	褐灰色
——	第9~12圈	冰蓝色	草绿色
——	第7、8圈	乳黄色	粉红色
——	第3~6圈	橘色	紫红色
——	第2圈	粉橘色	紫红色
——	第1圈	粉橘色	柠檬黄色

❷ *23*、*24* 主体（第10~14圈）

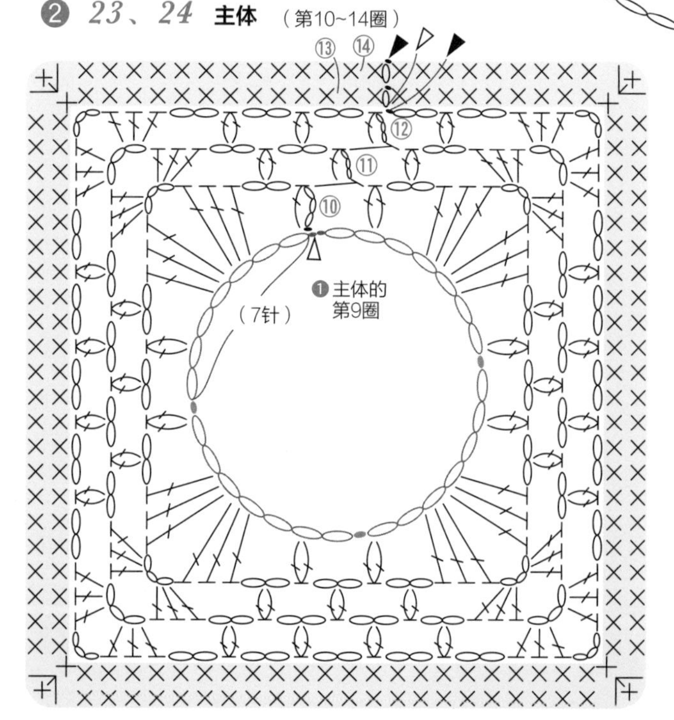

✤钩织方法

※编织图解按❶、❷的顺序钩织。

第2圈：成束挑起前一圈的锁针钩引拔针，接着钩4针锁针，如图所示钩织6片花瓣。

第3圈：将前一圈的花瓣翻向内侧，成束挑起第1圈的锁针重复钩织“引拔针、3针锁针”。

第4圈：按第2圈相同要领，在前一圈的锁针上钩织9片5针锁针的花瓣。

第5、6圈：按第3、4圈相同要领，将前一圈的花瓣翻向内侧，钩织12片花瓣。

第7、8圈：按第5、6圈相同要领，钩织12片花瓣。

第9圈：将前一圈的花瓣翻向内侧，在第7圈上重复钩织4次“引拔针、7针锁针”。

第10~13圈：成束挑起前一圈的锁针钩织。

※全部钩好后用蒸汽熨斗整烫定型（参照p.35）。

25、26 图片…p.19 重点教程…p.37 尺寸…10cm×10cm

✤准备材料

线　横田 iroiro

25　橙色（36）、深蓝色（17）…各3g，浅灰色（50）…2g，红色（37）、橙黄色（32）…各少许

26　米白色（1）、浅粉色（41）…各3g，苔绿色（24）…2g，橘色（35）…1g

针　钩针3/0号

✤钩织方法（p.37参照）

※编织图解按❶~❸的顺序钩织。

第2~4圈：按短针的条纹针钩织。

第5圈：在第3圈剩下的内侧半针里接线，钩引拔针。从锁针的里山和外侧半针挑针钩引拔针。钩在短针上的引拔针都是在第3圈剩下的内侧半针里挑针钩织。

第6圈：将前一圈翻向内侧，在第4圈的内侧半针里接线，按第5圈相同要领挑针钩织。

第7圈：在第4圈剩下的外侧半针里接线，一边在第4圈短针的外侧半针里挑针钩引拔针，一边钩织8片花瓣。

第8圈：按前一圈相同要领钩织，不过引拔针是从后面挑起第7圈中长针的●部分钩织。

第9圈：在第8圈的指定位置接线，重复钩织1针短针、3针锁针、1针长长针。长长针是在第8圈中长针的外侧半针里挑针钩织。

第10~12圈：短针是成束挑起前一圈的锁针钩织。

第13圈：短针是成束挑起前一圈的锁针钩织。

※全部钩好后用蒸汽熨斗整烫定型（参照p.35）。

25、26 配色表

	圈数	25	26
——	第13、14圈	浅灰色	苔绿色
——	第9~12圈	深蓝色	浅粉色
——	第6~8圈	橙色	米白色
——	第5圈	橙黄色	橘色
——	第1~4圈	红色	橘色

❶ 25、26 主体

（第1~6圈）（参照p.37）

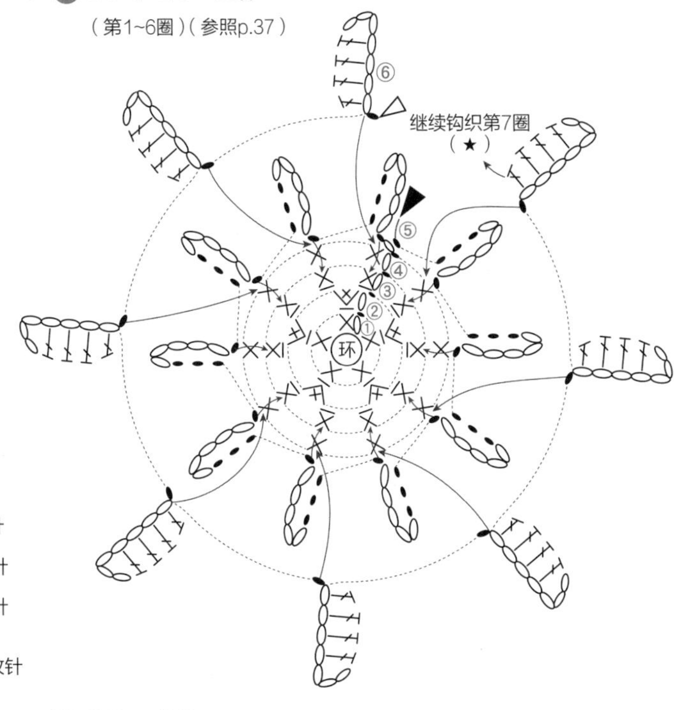

▽ = 接线

▼ = 断线

= 短针的条纹针

= 短针1针放2针

= 短针1针放3针

= 长长针的条纹针

❷ 25、26 主体（第7~9圈）

（参照p.37）

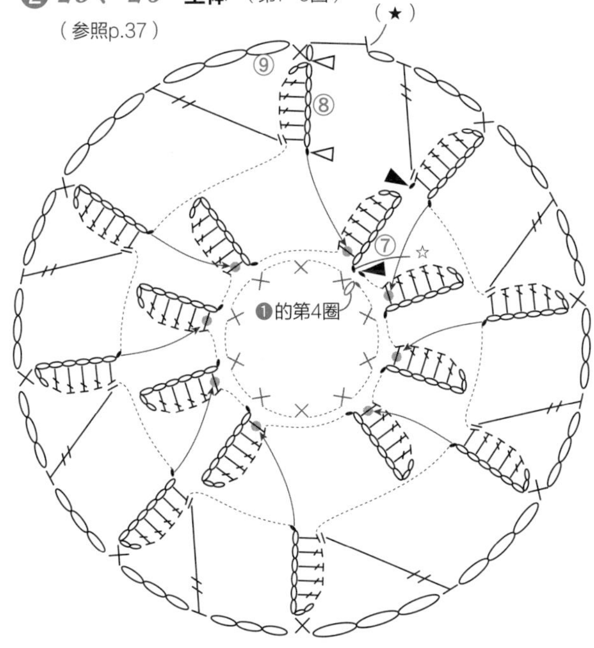

❸ 25、26 主体（第10~14圈）

❷的第9圈

27、28 图片…p.21 尺寸…直径15cm

✤准备材料

线　和麻纳卡 Exceed Wool FL（粗）

27　卡其色（221）…9g，黄绿色（246）…2g，白色（201），樱桃红色（214）…各1.5g

28　绿色（241）…9g，浅黄绿色（218）…3g，肉粉色（208）…1.5g，杏粉色（239）…1g

针　钩针4/0号

✤主体的钩织方法

第3圈：2针长针的枣形针是成束挑起前一圈的锁针钩织。
第4圈：3针长长针的枣形针是成束挑起前一圈的锁针钩织。
第5圈：长针是成束挑起前一圈的锁针钩织。
第7圈：在长针的头部钩织3针锁针的狗牙针，在短针的头部钩织“3针锁针的狗牙针、5针锁针的狗牙针、3针锁针的狗牙针”。
※全部钩好后用蒸汽熨斗整烫定型（参照p.35）。

27、28

主体

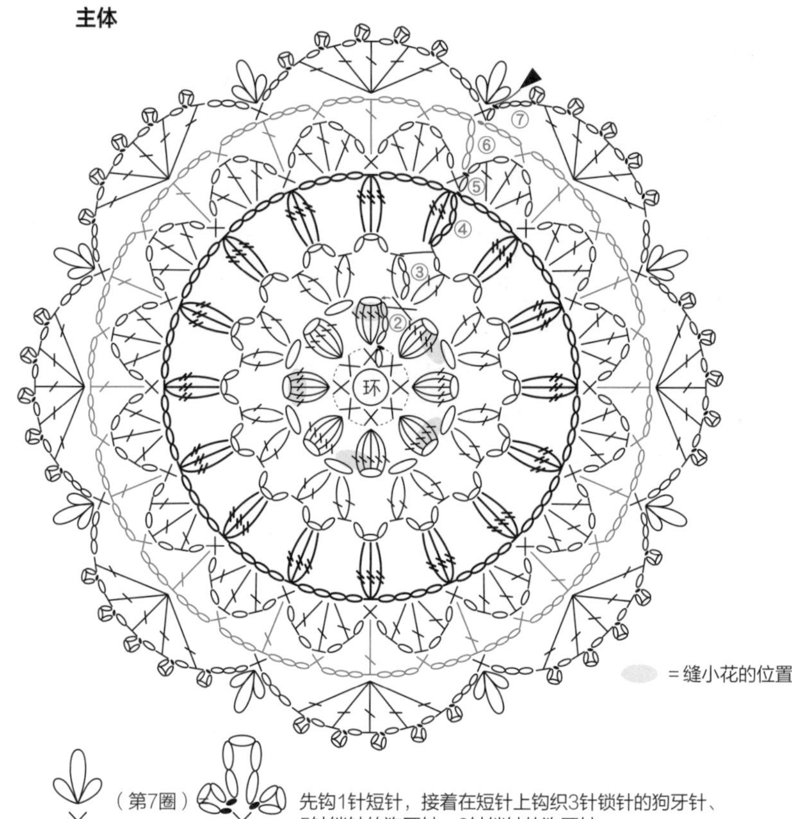

27、28 主体的配色表

圈数	27	28
第7圈	卡其色	绿色
第6圈		淡黄绿色
第5圈		绿色
第4圈	黄绿色	
第1~3圈	卡其色	

▽ =接线
▼ =断线
=5针长针的爆米花针
=3针长长针的枣形针
=3针锁针的狗牙针
=2针锁针的狗牙针

先钩1针短针，接着在短针上钩织3针锁针的狗牙针、5针锁针的狗牙针、3针锁针的狗牙针

花

环
①
②

※ 钩织终点留出少许线头用于缝合

27、28 小花的配色表和片数

	27				28	
	A	B	C	D	A	B
第2圈	樱桃红色	白色	— =樱桃红色 — =白色	— =白色 — =樱桃红色	肉粉色	杏粉色
第1圈	白色	樱桃红色	樱桃红色	白色	浅黄绿色	浅黄绿色
片数	1片	1片	2片	1片	3片	2片

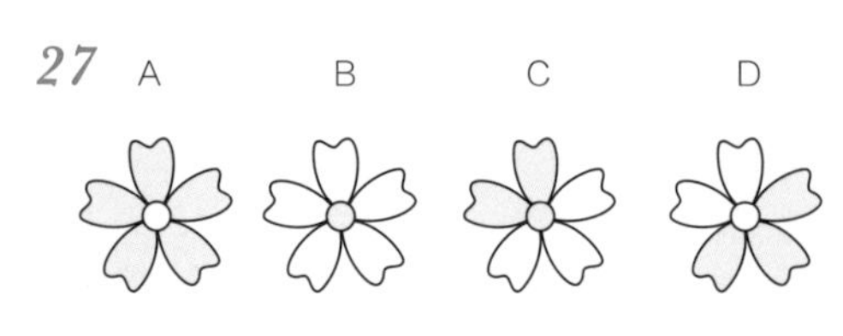

28　A　B

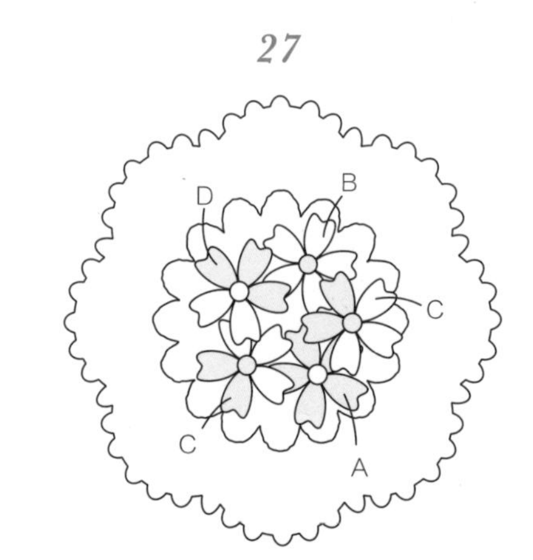

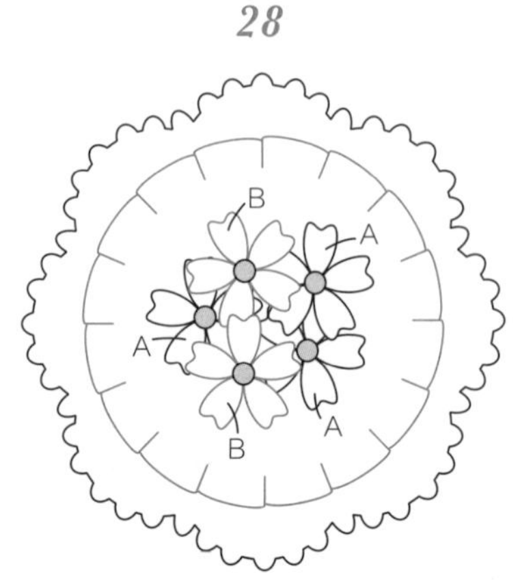

33 图片…p.25 尺寸…15cm×15cm

✤准备材料

线　横田 iroiro

苔绿色（24）…5g，浆果色（44）…4g，米白色（1）、浅粉色41、粉红色（42）、嫩绿色（27）、草绿色（26）…各2g，乳黄色（33）、浅绿色（28）…各1g

针　钩针4/0号

✤主体的钩织方法

第1行：钩8针锁针起针，在第1针里钩长针。

第2~26行：短针是成束挑起前一圈的锁针钩织。每行钩织终点的长针是在前一行立起的锁针⊂⊃里钩织。

第27行：钩7针立起的锁针，在前一行的锁针⊂⊃里引拔。

第28圈：前一圈锁针上的短针均为成束挑起锁针钩织。

✤小花的钩织方法

第2圈：在第1圈短针的外侧半针里挑针钩织。

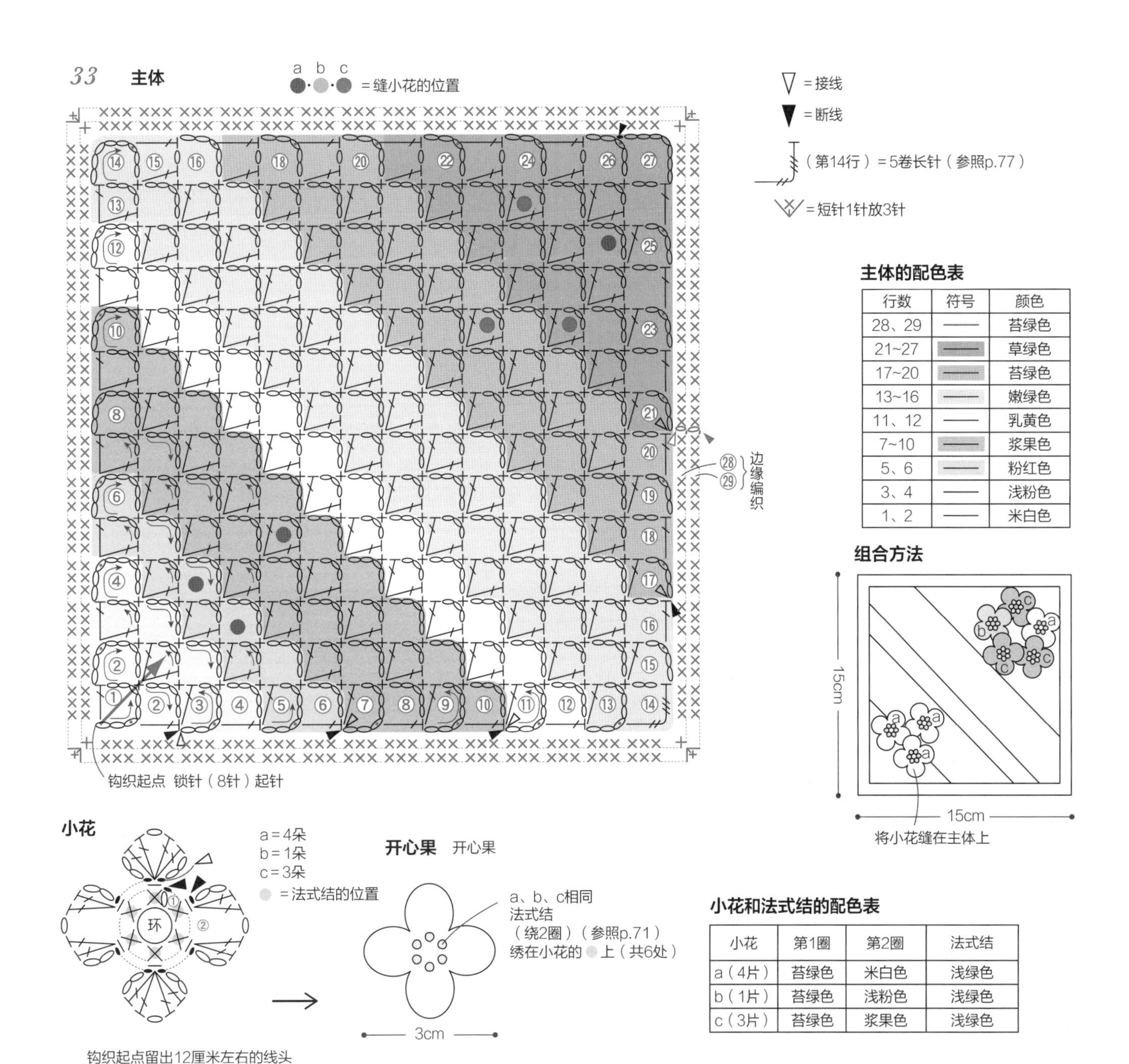

主体的配色表

行数	符号	颜色
28、29	——	苔绿色
21~27	——	草绿色
17~20	——	苔绿色
13~16	——	嫩绿色
11、12	——	乳黄色
7~10	——	浆果色
5、6	——	粉红色
3、4	——	浅粉色
1、2	——	米白色

小花和法式结的配色表

小花	第1圈	第2圈	法式结
a（4片）	苔绿色	米白色	浅绿色
b（1片）	苔绿色	浅粉色	浅绿色
c（3片）	苔绿色	浆果色	浅绿色

32 图片 ...p.25 尺寸 ... 直径10cm

✤准备材料

线　横田 iroiro
米白色（1）…6g，苔绿色（24）…1g，浅绿色（28）…少许
针　钩针4/0号

✤钩织方法

第2圈：在第1圈的外侧半针里挑针钩织。钩织4朵小花，从第2朵小花开始，一边钩织一边在指定位置与相邻小花做连接。用28号线在第1圈做法式结（参照p.71）。
第3圈：前一圈锁针上的符号均为成束挑起锁针钩织。
第4圈：前一圈锁针上的符号均从锁针的外侧半针和里山挑针钩织。
第7圈：前一圈锁针上的符号均为成束挑起锁针钩织。

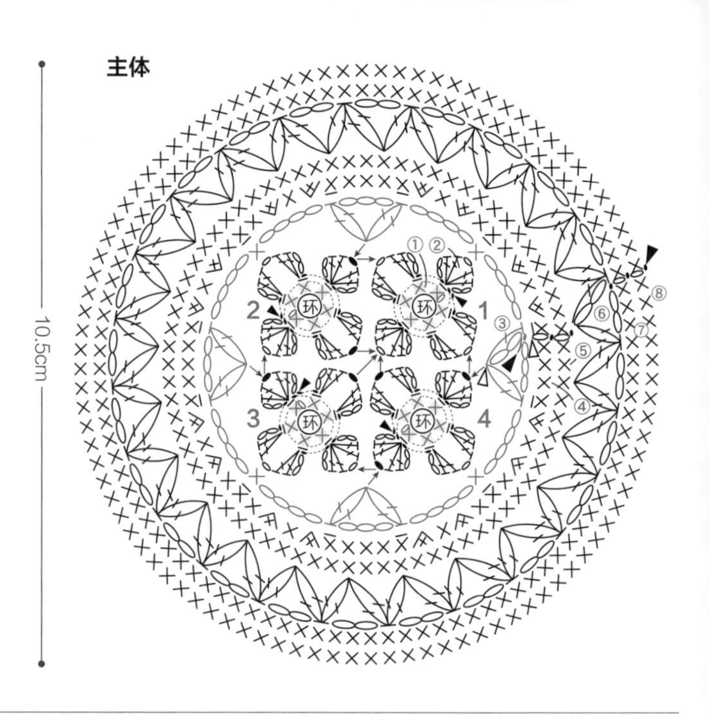

╳ = 短针的条纹针

雄蕊　浅绿色

在小花（1~4）第1圈的所有短针╳里做法式结

主体的配色表

圈数	颜色
4~8	米白色
3	苔绿色
2	米白色
1	苔绿色

庭荠花片的收纳包 图片 ...p.24 尺寸 ... 直径11cm

线　横田 iroiro
白色（2）…10g，嫩绿色（27）…2g，樱桃粉色（38）、乳黄色（33）、米白色（1）、浅绿色（28）、粉红色（42）…少许
针　钩针4/0号
其他　珍珠纽扣（10mm/白色）…1颗

✤钩织顺序

1　参照符号图和配色表钩织4朵小花，从第2朵小花开始一边钩织一边做连接。在小花中心做法式结（参照p.71）。再钩织1片相同的连接花片。
2　在步骤1制作的2片花片的指定位置接线，分别钩织主体至第8圈。第9圈先钩织前侧的包口部分，接着将2片主体正面朝外重叠，在2片主体里一起钩织包底部分。在后侧的指定位置接线，按前侧相同要领钩织包口部分。
3　在主体后侧的指定位置接线钩织扣襻，再在指定位置引拔后断线。
4　最后将纽扣缝在主体正面的指定位置。

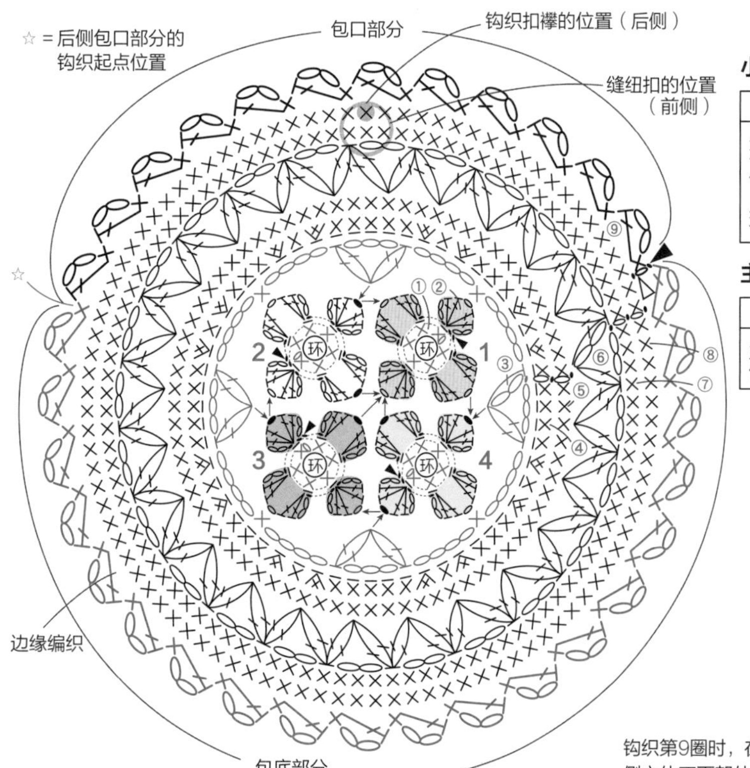

小花的配色表

	花朵	第1圈	第2圈	雄蕊
小花（4朵）	1	嫩绿色	樱桃粉色	乳黄色
	2	嫩绿色	米白色	浅绿色
	3	嫩绿色	米白色	乳黄色
	4	嫩绿色	乳黄色	浅绿色

主体的配色表

	圈数	颜色
主体	第3圈	嫩绿色
	第4~9圈	白色

雄蕊

分别用指定的配色在小花（1~4）第1圈的所有短针╳里做法式结

组合方法

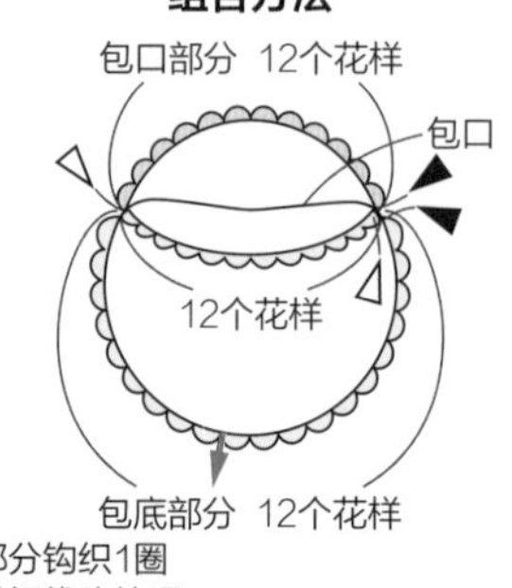

扣襻

蘑菇

钩（18针）锁针

╳ 主体的第8圈

※在包口部分钩织1圈边缘并做好线头处理

钩织第9圈时，在前侧指定位置接线钩织包口部分（ — ），接着将前、后侧主体正面朝外重叠，在2片主体里一起插入钩针钩织包底部分（ — ）。在后侧指定位置（☆）接线，按前侧包口相同要领钩织（ — ）部分。

39、*40* 图片…p.31 重点教程…p.38 尺寸…直径10cm

✤准备材料

线 和麻纳卡 中细纯羊毛

39 浅蓝色（39）…3g，白色（26）、绿色（24）、紫色（18）…各2g，黄绿色（22）…少许

40 藏青色（19）…3g，浅紫色（13）、黄绿色（22）、米白色（1）…各2g，红色（10）、浅黄色（33）…少许

※编织图解按❶～❹的顺序钩织。

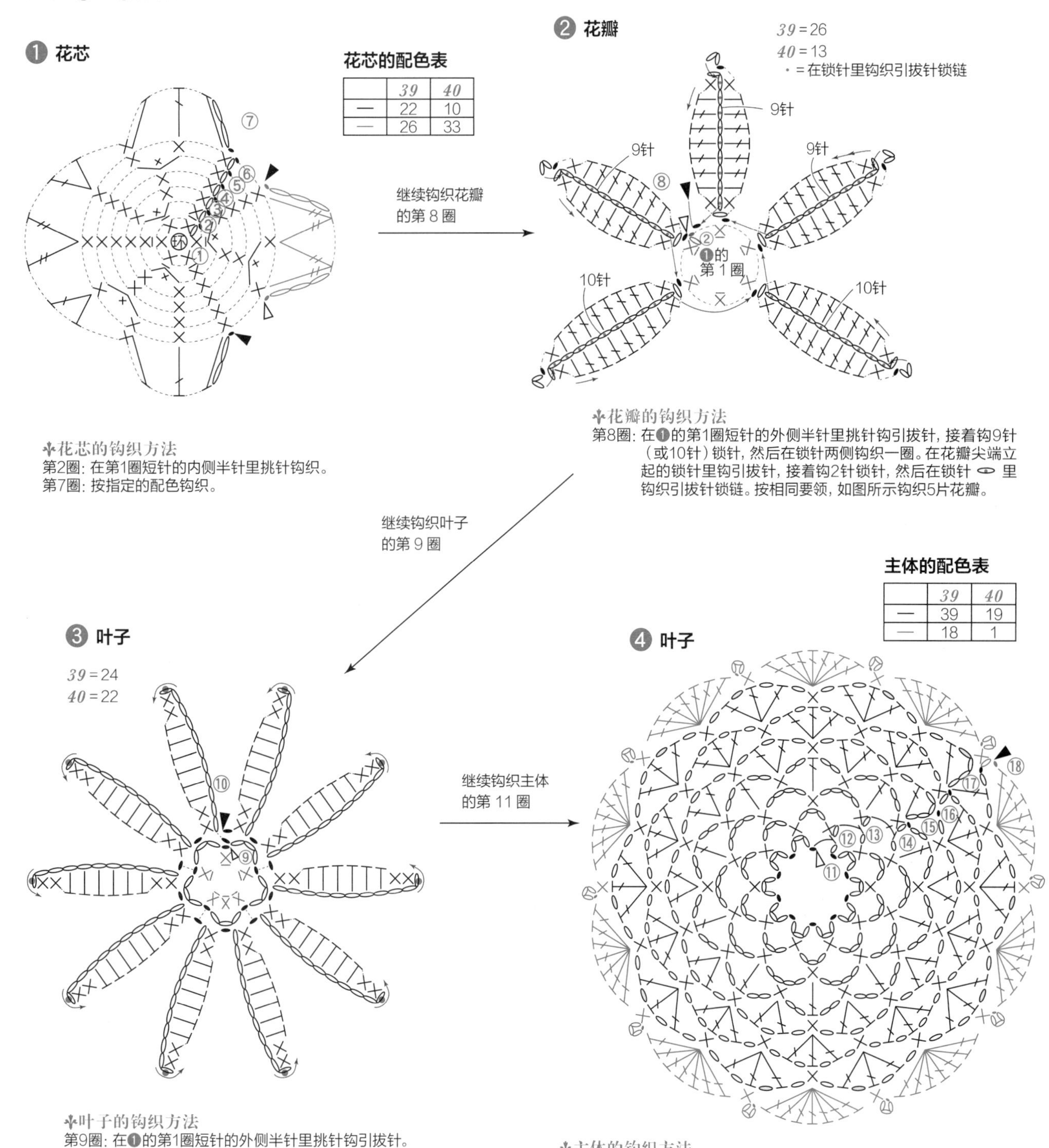

花芯的配色表

	39	*40*
—	22	10
—	26	33

✤花芯的钩织方法

第2圈：在第1圈短针的内侧半针里挑针钩织。

第7圈：按指定的配色钩织。

✤花瓣的钩织方法

第8圈：在❶的第1圈短针的外侧半针里挑针钩引拔针，接着钩9针（或10针）锁针，然后在锁针两侧钩织一圈。在花瓣尖端立起的锁针里钩引拔针，接着钩2针锁针，然后在锁针 ⬭ 里钩织引拔针锁链。按相同要领，如图所示钩织5片花瓣。

主体的配色表

	39	*40*
—	39	19
—	18	1

✤叶子的钩织方法

第9圈：在❶的第1圈短针的外侧半针里挑针钩引拔针。

✤主体的钩织方法

第11圈：将第10圈的叶子翻向内侧，在第10圈的短针头部的外侧半针里挑针钩引拔针。

第17圈：⬭是在叶子的●部分钩引拔针。

41、*42* 图片…p.31 重点教程…p.40 尺寸…10cm×10cm

✤准备材料

线 和麻纳卡 RICH MORE Percent

41 黄色系(5)…4g，绿色系(33)…3g，黄绿色系(36)、奶油色系(2)、蓝色系(110)…各2g

42 紫色系(67)…4g，紫红色系(65)…3g，黄绿色系(16)、绿色系(104)、奶油色系(2)…各2g，紫红色系(64)…1g

针 钩针5/0号

※编织图解按❶~❹的顺序钩织。

❶ 花芯

花芯的配色表

	41	*42*	小物收纳盒
—	36	16	2
—	33	104	33

❷ 花瓣

花瓣的配色表

	41	*42*	小物收纳盒
—	2	65	68
—	36	64	50

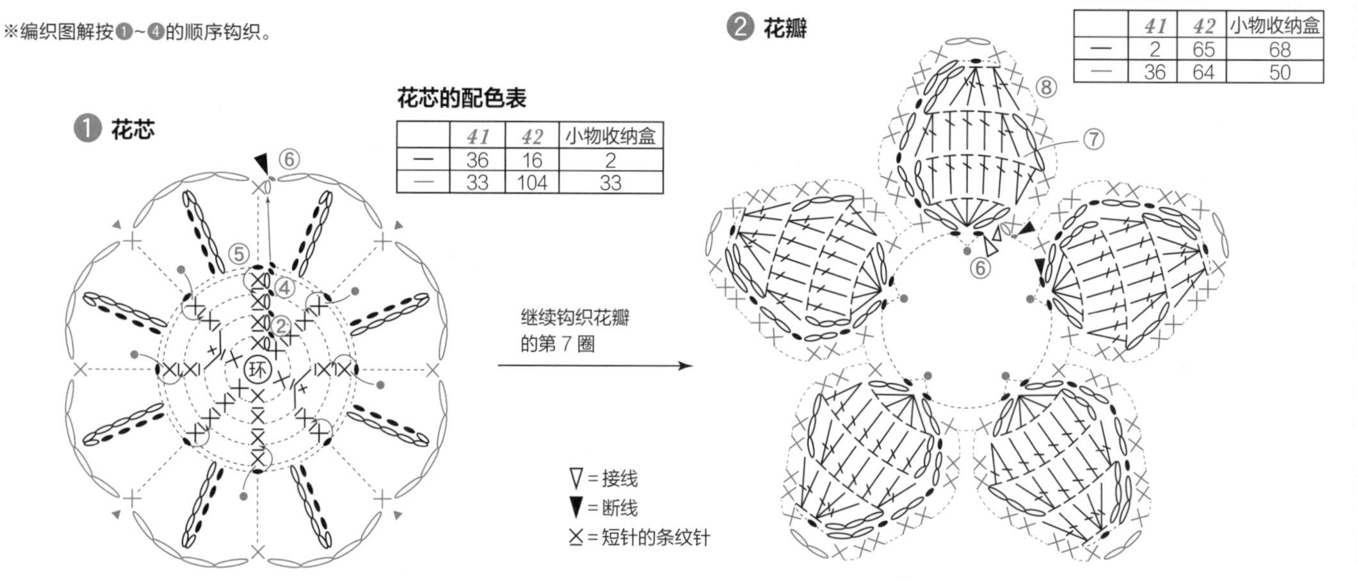

✤花芯的钩织方法(参照p.40)

第2~4圈：在前一圈短针的外侧半针里挑针钩织。

第5圈：在第3圈短针剩下的内侧半针里引拔后钩6针锁针，接着往回引拔4针，再在第3圈短针的下一个内侧半针里引拔。

第6圈：在第4圈短针的内侧半针里挑针钩织。

✤花瓣的钩织方法(参照p.40)

第7圈：在花芯第4圈●所指短针的外侧半针里挑针引拔。一边加减针一边往返钩织4行，然后往回钩锁针和引拔针，最后在花瓣钩织起点的针脚里引拔。

第8圈：从第7圈挑取针脚，钩织一圈花瓣的边缘。

继续钩织叶子的第 9 圈

❸ 叶子

41 = 33
42 = 104
小物收纳盒 = 33

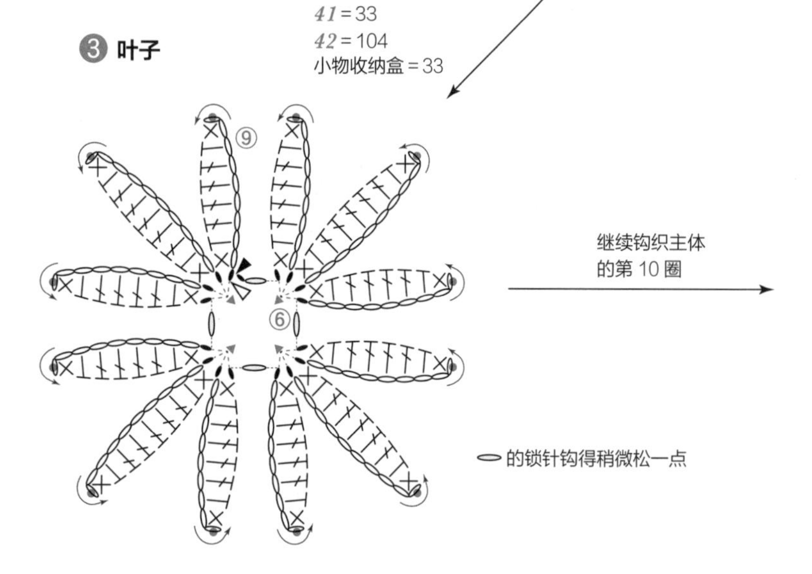

继续钩织主体的第 10 圈

⊂⊃ 的锁针钩得稍微松一点

❹ 主体

主体的配色表

	41	*42*	小物收纳盒
—	110	2	54
—	5	67	40

⑮ ⑫ ⑪ ⑩ ⑨

✤叶子的钩织方法(参照p.40)

第9圈：在花芯第6圈▲所指短针的外侧半针里挑针引拔。

✤主体的钩织方法(参照p.40)

第10圈：成束挑起叶子第9圈的锁针⊂⊃钩长长针。

第12圈：⊂⊃是在叶子的●部分一起挑针钩引拔针。

圣诞玫瑰花片的小物收纳盒 图片…p.30 尺寸…宽10cm×高10cm

✤准备材料

线　和麻纳卡 RICH MORE Percent
浅蓝色系（40）、紫色系（54）…各16g，紫色系（68）…13g，绿色系（33）…12g，奶油色系（2）…7g，紫色系（50）…7g
针　钩针4/0号

✤钩织顺序

1　侧面参照p.68，按指定配色钩织4片。
2　底部钩23针锁针起针，钩织28行短针。
3　将侧面和底部做全针的卷针缝缝合。

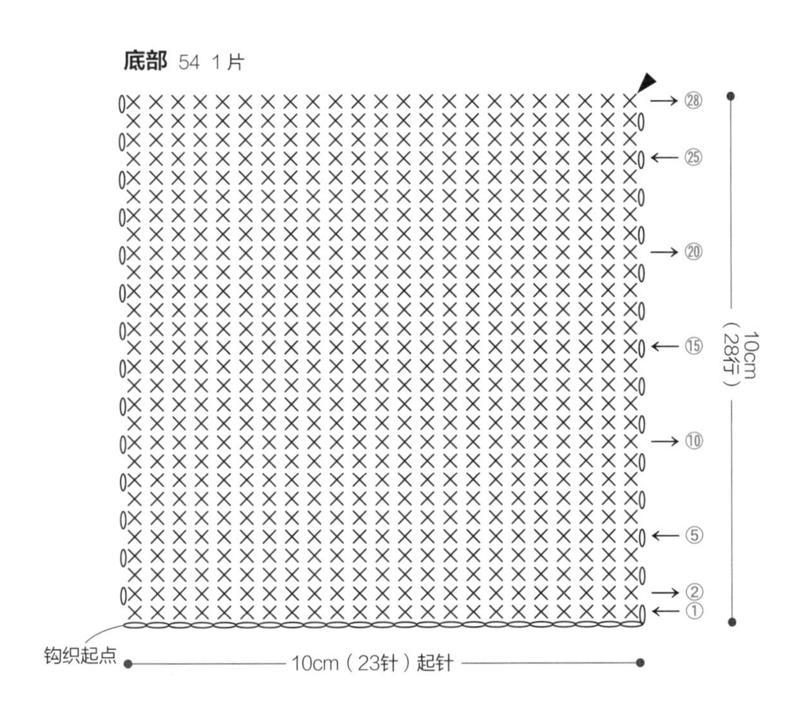

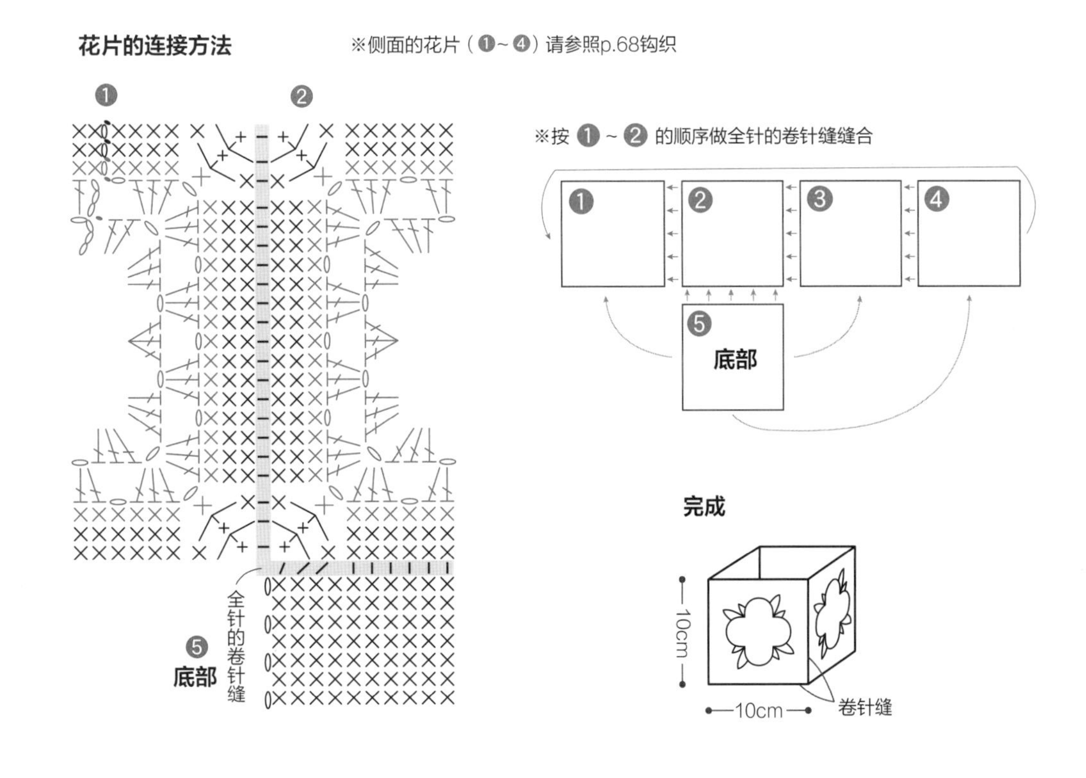

34 图片…p.27 尺寸…10cm×10cm

准备材料

线　和麻纳卡 RICH MORE Percent
黄绿色系（16）…5g，粉红色系（114）…2g，黄色系（101）、紫红色系（61）…各1g
针　钩针4/0号

钩织方法

第4圈：短针、中长针、长针、长长针均为成束挑起前一圈的锁针钩织。
第5圈：成束挑起前一圈的锁针钩短针，转角处在前一圈锁针的外侧半针和里山挑针钩织。

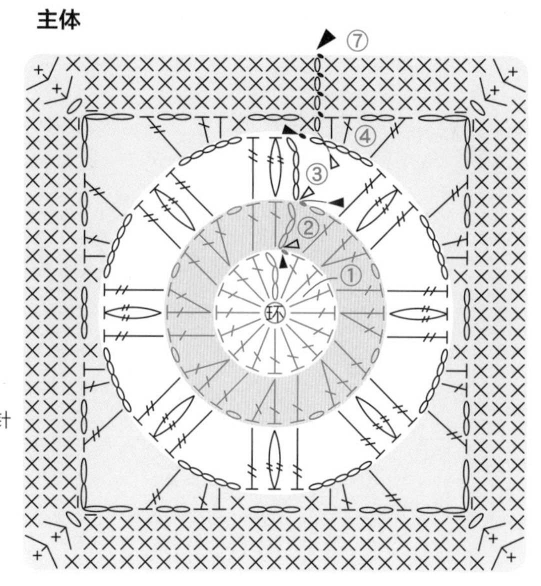

∇＝接线
▼＝断线
（第3圈）＝2针长长针的枣形针
（第6、7圈）＝短针1针放3针

34 配色表

颜色（圈）	色号
—（第4～7圈）	16
—（第3圈）	114
—（第2圈）	61
—（第1圈）	101

35 图片…p.27 尺寸…10cm×10cm

准备材料

线　和麻纳卡 RICH MORE Percent
浅蓝色系（22）…4g，紫色系（67）、蓝色系（26）…各2g，黄色系（101）…1g
针　钩针4/0号

※编织图解按❶~❸的顺序钩织。

小花的钩织方法

如图所示，上下钩织1行，左右往返钩织3行。

中心的钩织方法

环形起针，一边钩织短针一边在3处与❶小花的2针长针的枣形针头部做连接。

主体的钩织方法

第1圈：一边从3朵小花上挑针一边钩织。在指定位置从前一圈针脚的外侧半针里挑针钩织。
第2、3圈：前一圈锁针上的符号均为成束挑起锁针钩织。
第4圈：短针是成束挑起前一圈的锁针钩织，（符号）是在锁针的外侧半针和里山挑针钩织。

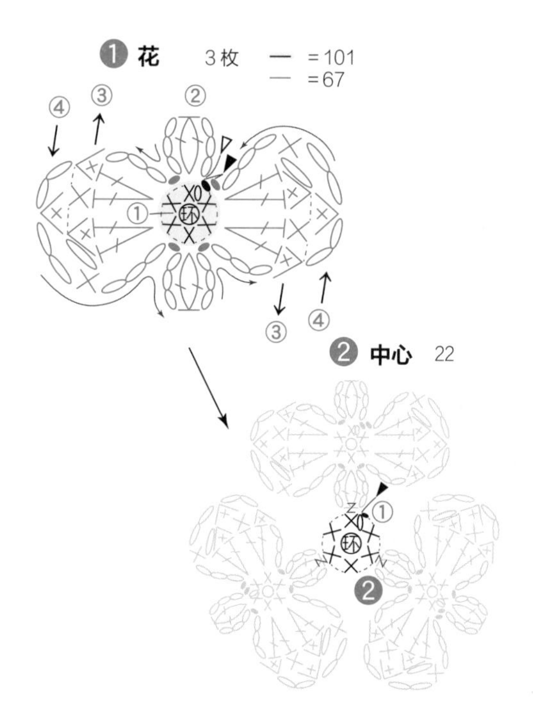

∇＝接线
▼＝断线
（符号）＝短针的条纹针
（符号）＝长针的条纹针
（符号）＝短针1针放3针
（第4圈）＝在第3圈锁针的外侧半针和里山挑针钩织

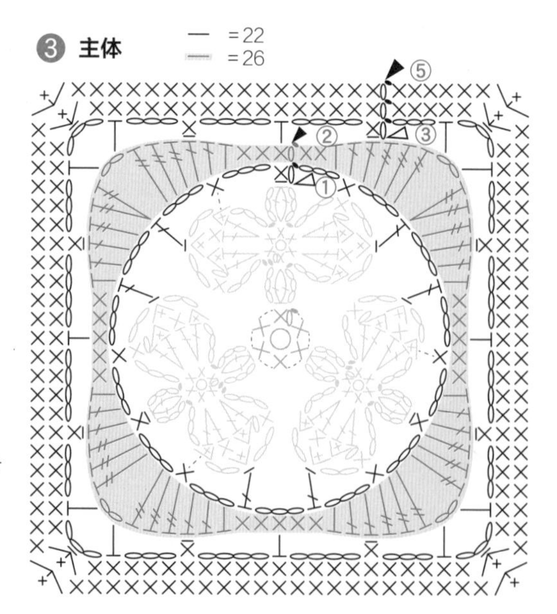

36 图片…p.27 尺寸…直径15cm

✤准备材料

线　和麻纳卡 RICH MORE Percent
绿色系（13）…10g，橙色系（102）…3g
针　钩针4/0号

✤钩织顺序

1　参照符号图钩织主体。
2　钩织小花，用法式结将小花缝在主体的指定位置。

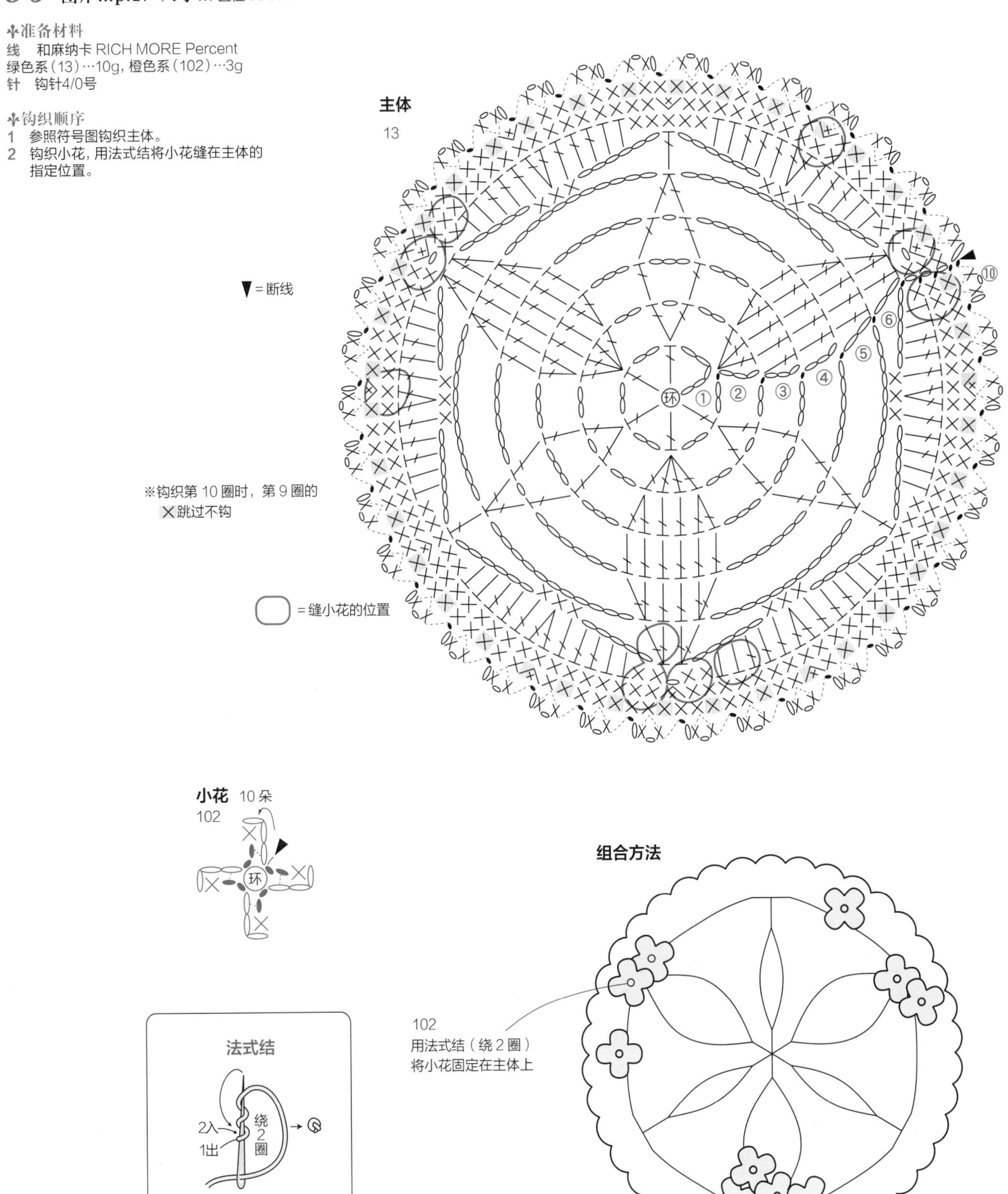

37 图片…p.29　重点教程…p.39　尺寸…10cm×10cm

✤准备材料

线　和麻纳卡 RICH MORE Percent
紫色系（49）、黄绿色系（36）…各2g，藏青色系（47）、白色（1）、
茶色系（87）…各1g
针　钩针4/0号

✤钩织方法

※编织图解按❶~❷的顺序钩织。
第3圈：在第2圈的2针长针之间成束挑针引拔。
第4圈：将第3圈的花瓣翻向内侧，成束挑起第2圈的锁针引拔。（参照p.39）
第5圈：在第4圈的引拔针里挑针钩织。

37 配色表

圈数	色号
—（第9、10圈）	87
—（第5~8圈）	36
—（第3、4圈）	49
—（第2圈）	1
—（第1圈）	47

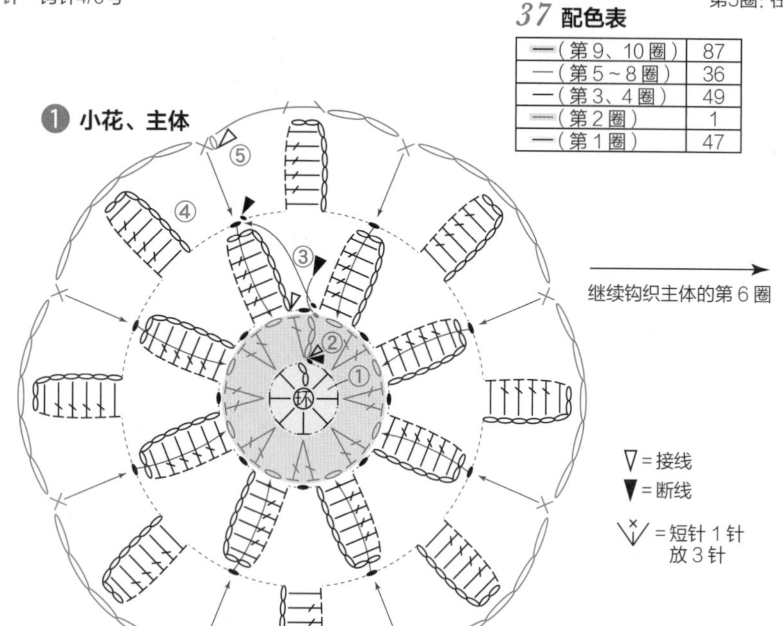

38 图片…p.29　重点教程…p.38　尺寸…10cm×10cm

✤准备材料

线　和麻纳卡 RICH MORE Percent
橙色系（86）、绿色系（33）…各4g，黄色系（101）、奶油色系（3）…各1g
针　钩针4/0号

✤主体的钩织方法

※编织图解按❶、❷的顺序钩织。
第3圈：成束挑起第2圈的锁针线环钩织花瓣。
第4圈：将第3圈的花瓣翻向内侧，从后面将钩针插入第2圈短针的根部钩织内钩短针。
第5圈：成束挑起第4圈的锁针线环钩织花瓣。
第6圈：从第5圈的长针之间插入钩针，成束挑起第4圈的锁针钩织短针。
第7圈：成束挑起第6圈的锁针线环钩织花瓣。
第8圈：将第7圈的花瓣翻向内侧，从后面将钩针插入第6圈短针的根部钩织内钩短针。

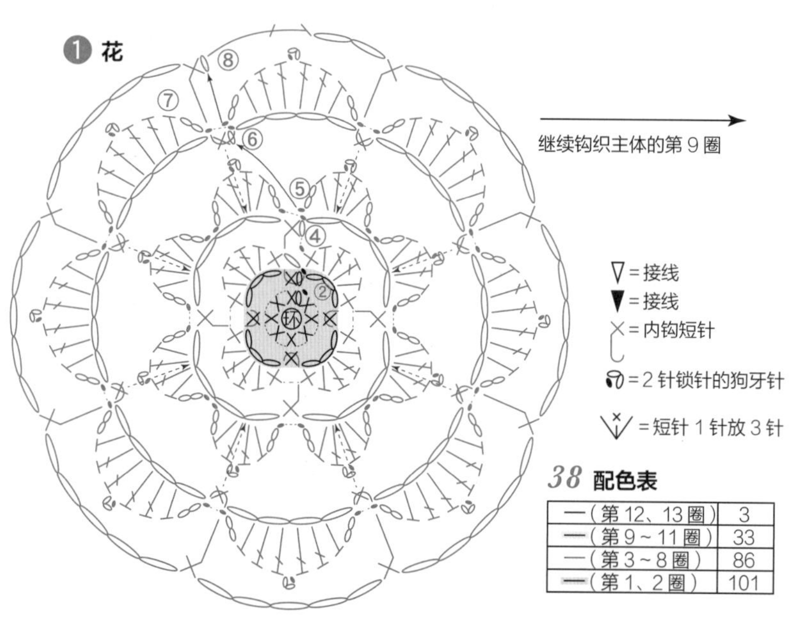

38 配色表

圈数	色号
—（第12、13圈）	3
—（第9~11圈）	33
—（第3~8圈）	86
—（第1、2圈）	101

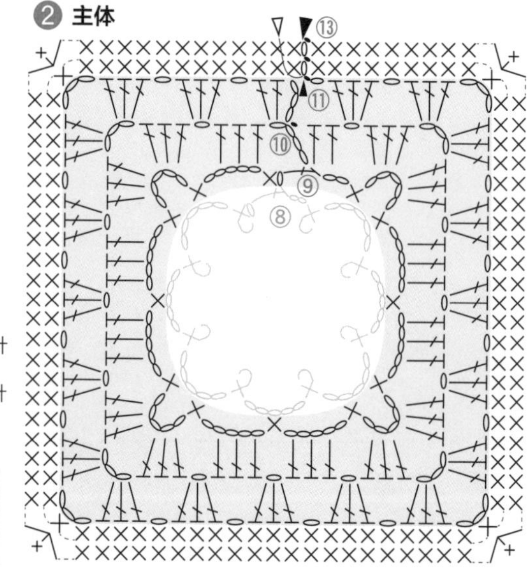

长寿花拼花盖毯 图片…p.28 尺寸…82cm×52cm

✤准备材料

线　和麻纳卡 RICH MORE Percent
奶油色系（3）…195g，橙色系（86）…85g，绿色系（13）…70g，
黄色系（101）…10g
针　钩针4/0号

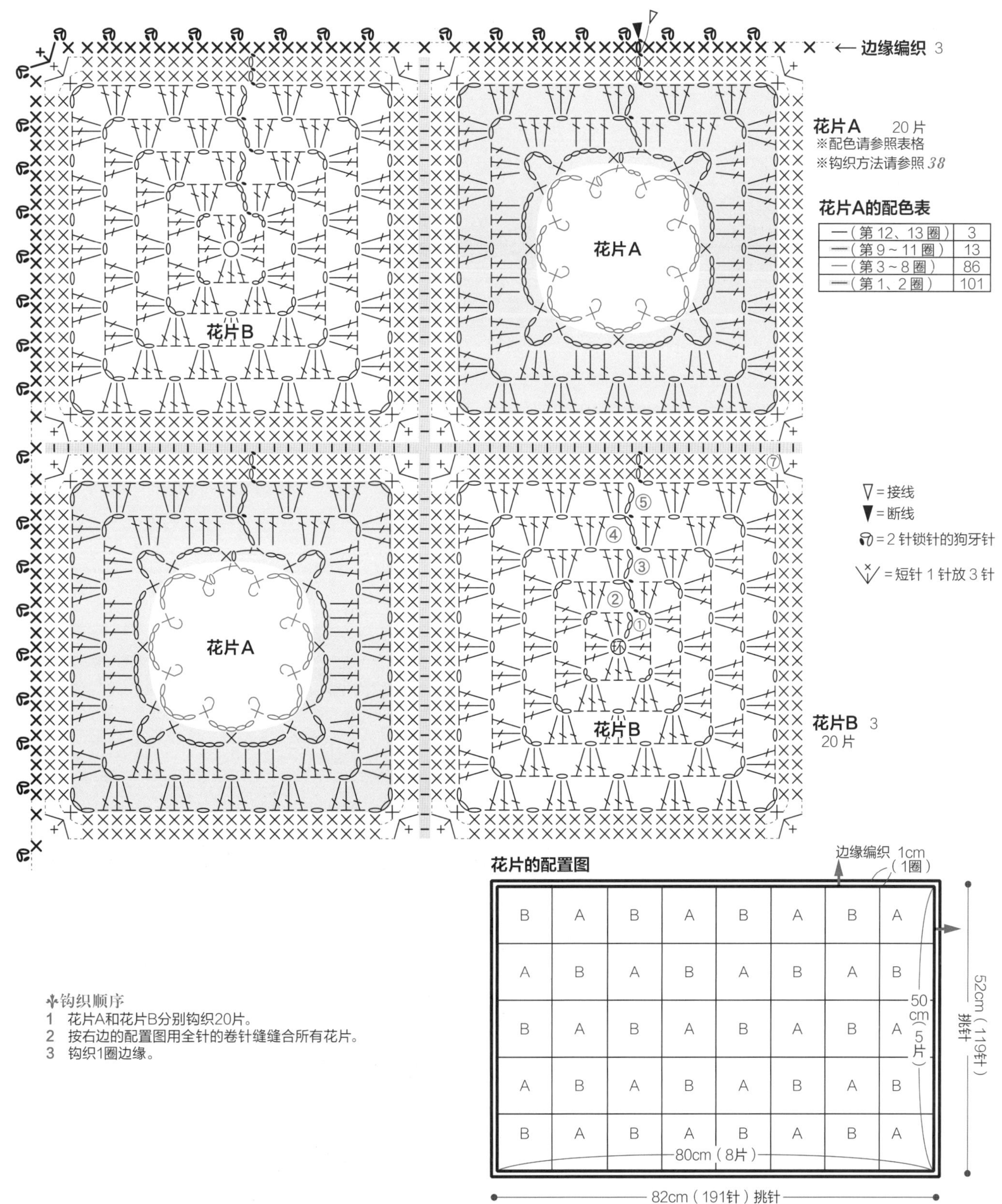

—（第12、13圈）	3
—（第9～11圈）	13
—（第3～8圈）	86
—（第1、2圈）	101

✤钩织顺序

1　花片A和花片B分别钩织20片。
2　按右边的配置图用全针的卷针缝缝合所有花片。
3　钩织1圈边缘。

43 图片 ...p.32 重点教程 ...p.39 尺寸 ... 直径15cm

✤准备材料

线　和麻纳卡 RICH MORE Percent（粗）
深绿色（220）…9g，红色（210）…8g，浅黄绿色（218）…4g，芥末黄色（243）…1g
针　钩针4/0号

✤小花的钩织方法

※编织图解按❶、❷的顺序钩织。
第2圈：在第1圈短针的内侧半针里挑针钩引拔针。
第3圈：在第1圈短针的外侧半针里挑针钩织。
第4圈：在第3圈短针的内侧半针里挑针引拔，接着钩10针锁针，然后在锁针的里山挑针往回钩9针短针，再在下一针短针的内侧半针里引拔。
第5圈：在第4圈叶形茎脉的周围挑针钩织一圈（锁针一侧在2根线里挑针，短针一侧在短针的头部挑针）。
第6圈：从第3圈的短针上挑针钩织。
第7圈：在第6圈的锁针上引拔，接着钩10针锁针，然后在锁针的里山挑针往回钩9针短针，再在第6圈同一个锁针线环里成束挑针引拔。
第8圈：在第7圈叶形茎脉的周围挑针钩织一圈（锁针一侧在2根线里挑针，短针一侧在短针的头部挑针）。

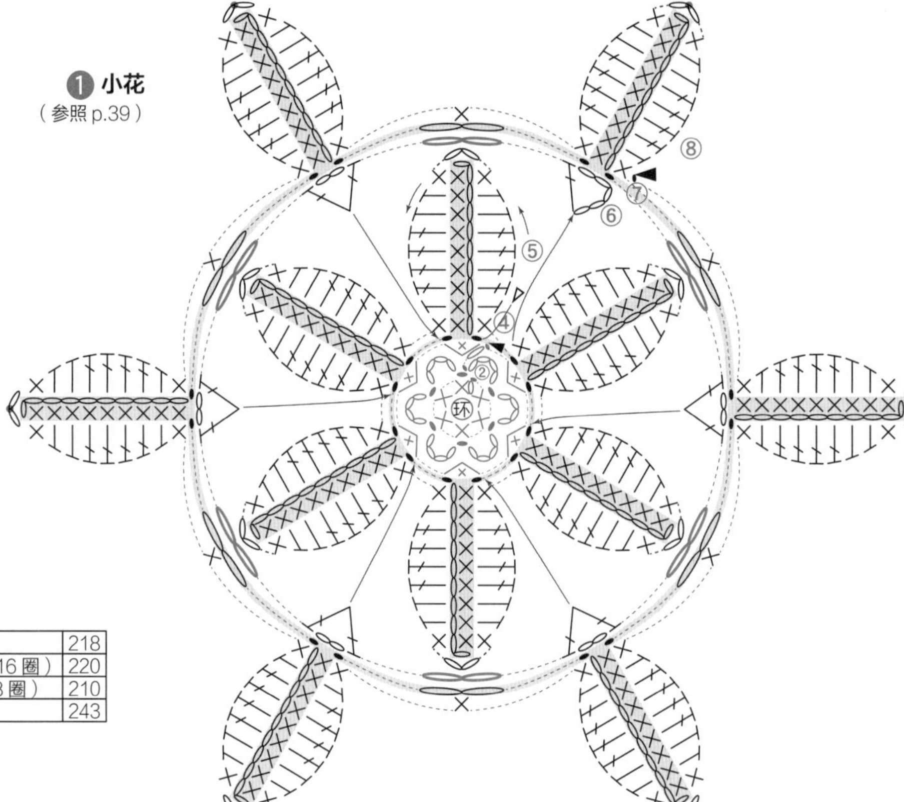

43

配色表

颜色	色号
—（第14圈）	218
—（第9～13、15、16圈）	220
—·—·—（第4～8圈）	210
—（第1～3圈）	243

✤主体的钩织方法

第9圈：将花瓣翻向内侧，在第6圈的锁针（ ）里挑针钩织。
第13圈：钩织✕时，在第8圈花瓣尖端的•部分一起挑针钩织。

❷ 主体（参照 p.39）

⑨ ⑩ ⑪ ⑫ ⑬ ⑭ ⑮ ⑯

❶的第6圈

✕（第13圈）= 在❶第8圈的•部分一起挑针钩织

44、45 图片…p.33 重点教程…p.37 尺寸…15cm×15cm

✤准备材料

线　和麻纳卡 RICH MORE Percent（粗）

44　樱桃红色（214）…10g，本白色（231）…8g，深绿色（220）、深紫色（216）…各2g，芥末黄色（243）…1g

45　白色（201）…10g，肉粉色（208）…8g，黄绿色（246）、灰色（229）…各2g，芥末黄色（243）…1g

针　钩针4/0号

※编织图解按❶、❷的顺序钩织。

✤花芯的钩织方法

第2圈：在第1圈短针的内侧半针里挑针钩引拔针。
第3圈：在第1圈短针剩下的外侧半针里挑针钩织。
第4圈：在第3圈短针的内侧半针里挑针钩引拔针。

✤花瓣的钩织方法

第5圈：在第3圈短针剩下的外侧半针里挑针钩引拔针。
第6圈：成束挑起第5圈的锁针钩织。
第7圈：将第6圈翻向内侧，从第6圈的长长针之间插入钩针，成束挑起第5圈的锁针钩长针。下一针长针是在第5圈的短针里挑针钩织。
第8圈：成束挑起第7圈的锁针钩织。
第9圈：☆的引拔针和长针是从第8圈的长长针之间插入钩针，成束挑起第7圈的锁针钩织。
第10圈：成束挑起第9圈的锁针钩织。

✤叶子（第11圈）的钩织方法

在第10圈的长长针与长长针之间插入钩针引拔，分别在4处钩织3片叶子。

✤主体的钩织方法

第12圈：从叶子上挑针的短针是成束挑起立起的锁针钩织。
第13~15圈：前一圈锁针上的符号均为成束挑起锁针钩织。

44、45 配色表

	44	45
—（第15、16圈）	深紫色	灰色
—（第12~14圈）	本白色	肉粉色
—（第11圈）	深绿色	黄绿色
—（第5~10圈）	樱桃红色	白色
—（第1~4圈）	芥末黄色	芥末黄色

❷ 花瓣（第5~10圈）、叶子（第11圈）、主体（第12~16圈）

44、45 花芯　芥末黄色

❶

环

(第7、9圈)=从前一圈的长长针之间插入钩针，成束挑起前2圈的锁针钩织

钩针编织基础

✤如何看懂符号图

本书中的符号图均表示从织物正面看到的状态，根据日本工业标准（JIS）制定。钩针编织没有正针和反针的区别（内钩和外钩针除外），交替看着正、反面进行往返钩织时也用相同的针法符号表示。

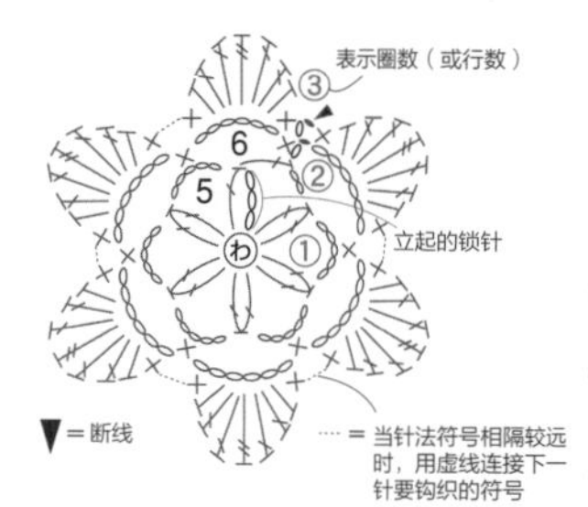

从中心向外环形钩织时

在中心环形起针（或钩织锁针连接成环状），然后一圈圈地向外钩织。每圈的起始处都要先钩立起的锁针。通常情况下，都是看着织物的正面按符号图从右往左钩织。

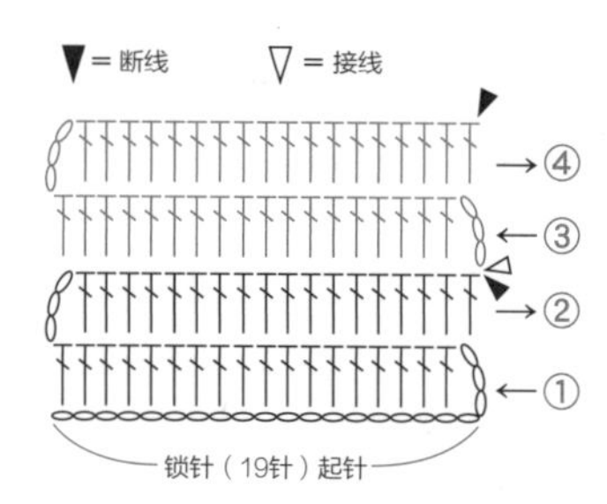

往返钩织时

特点是左右两侧都有立起的锁针。原则上，当立起的锁针位于右侧时，看着织片的正面按符号图从右往左钩织；当立起的锁针位于左侧时，看着织片的反面按符号图从左往右钩织。左图表示在第3行换成配色线钩织。

✤线和钩针的拿法

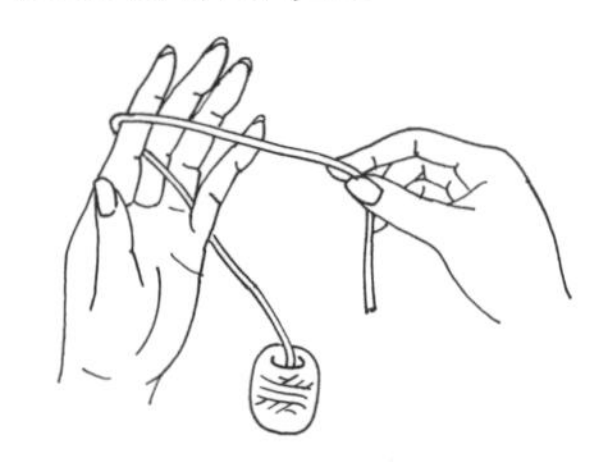

1 从左手的小指和无名指之间将线向前拉出，然后挂在食指上，将线头拉至手掌前。

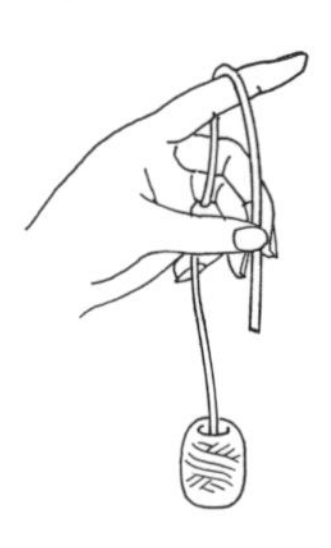

2 用拇指和中指捏住线头，竖起食指使线绷紧。

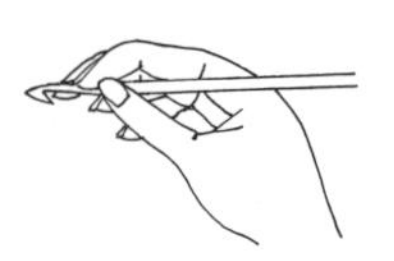

3 用右手的拇指和食指捏住钩针，用中指轻轻压住针头。

✤起始针的钩织方法

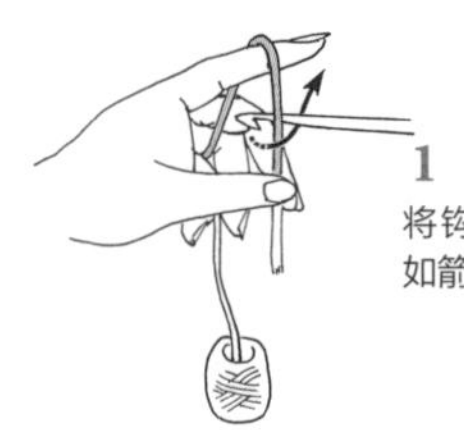

1 将钩针抵在线的后侧，如箭头所示转动针头。

2 再在针头挂线。

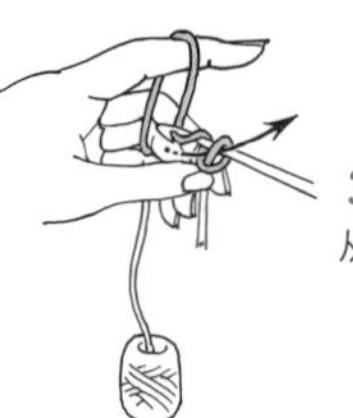

3 从线环中将线拉出。

4 拉动线头收紧针，起始针完成（此针不计为1针）。

✤起针

从中心向外环形钩织时（用线头制作线环）

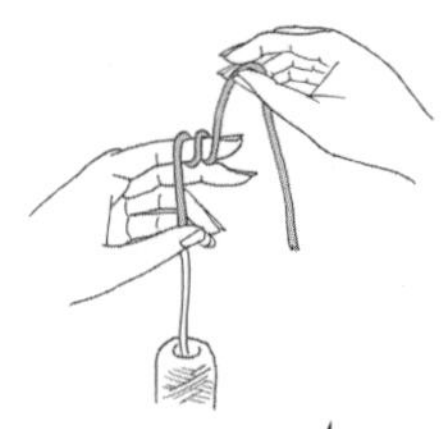

1 在左手食指上绕2圈线，制作线环。

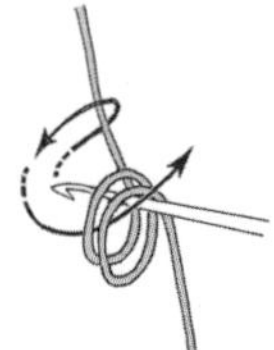

2 从手指上取下线环重新捏住，在线环中插入钩针，如箭头所示挂线后拉出。

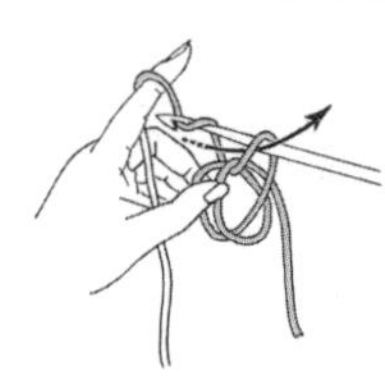

3 针头再次挂线拉出，钩织立起的锁针。

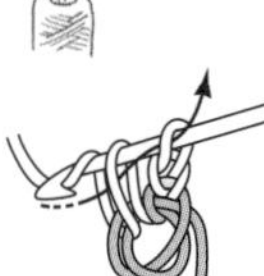

4 第1圈在线环中插入钩针，钩织所需针数的短针。

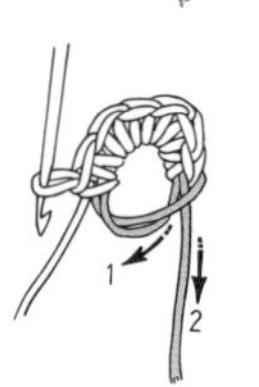

5 暂时取下钩针，拉动最初制作线环的线（1）和线头（2），收紧线环。

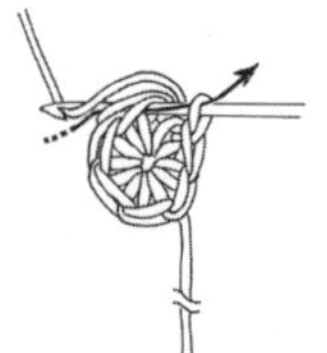

6 第1圈结束时，在第1针短针的头部插入钩针，挂线引拔。

从中心向外环形钩织时（钩锁针制作线环）

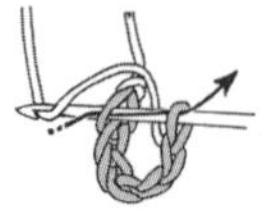

1 钩织所需针数的锁针，在第1针锁针的半针里插入钩针引拔。

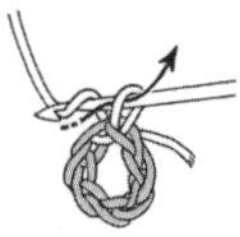

2 针头挂线后拉出，此针就是立起的锁针，即起立针。

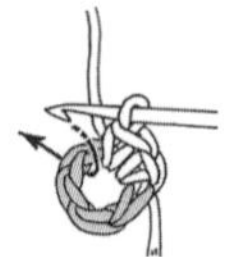

3 第1圈在线环中插入钩针，成束挑起锁针钩织所需针数的短针。

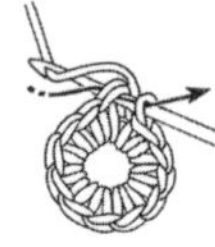

4 第1圈结束时，在第1针短针的头部插入钩针，挂线引拔。

往返钩织时

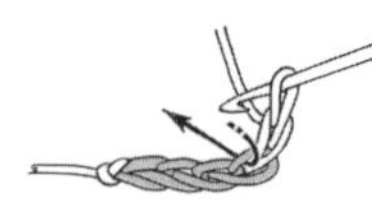

1 钩织所需针数的锁针和立起的锁针，在边上第2针锁针里插入钩针，挂线后拉出。

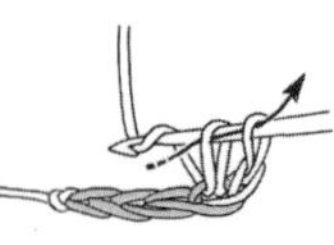

2 针头挂线，如箭头所示将线拉出。

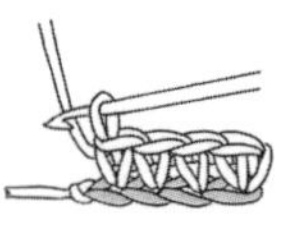

3 第1圈完成后的状态（立起的1针锁针不计为1针）。

✤锁针的识别方法

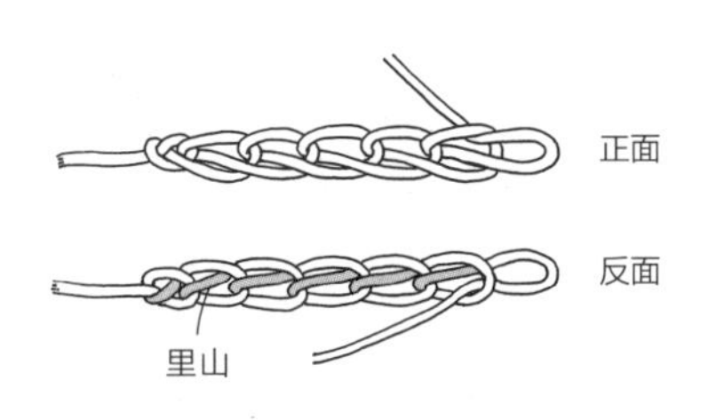

锁针有正、反面之分。反面中间突出的 1 根线叫作锁针的“里山”。

✤前一行的挑针方法

在 1 个针脚里钩织

成束挑起锁针钩织

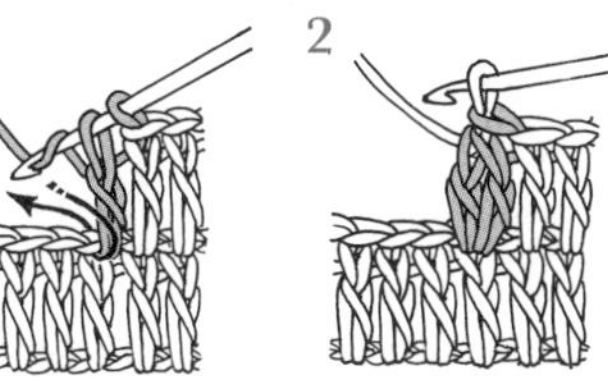

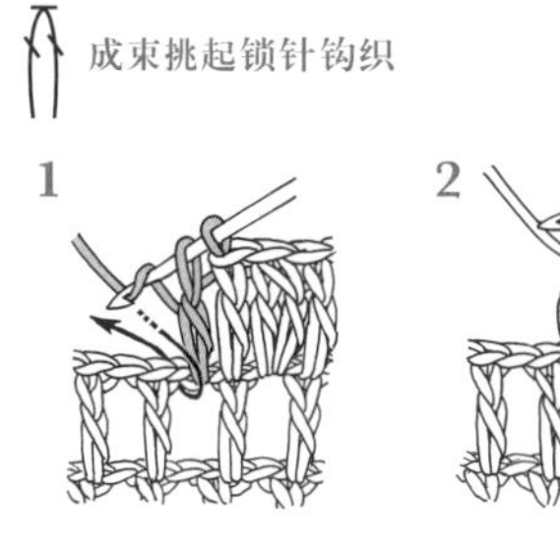

同样是枣形针，符号不同，挑针的方法也不同。符号下方是闭合状态时，在前一行的 1 个针脚里钩织；符号下方是打开状态时，成束挑起前一行的锁针钩织。

✤针法符号

锁针

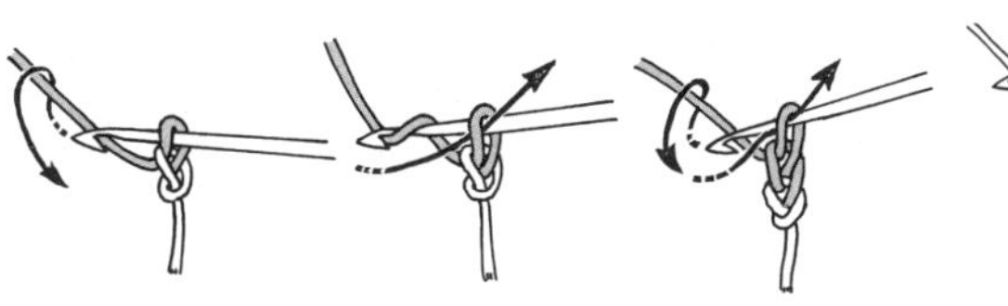

1 钩起始针，接着在针头挂线。

2 将挂线拉出，完成锁针。

3 按相同要领，重复步骤 1 和 2 的“挂线，拉出”，继续钩织。

4 5 针锁针完成。

引拔针

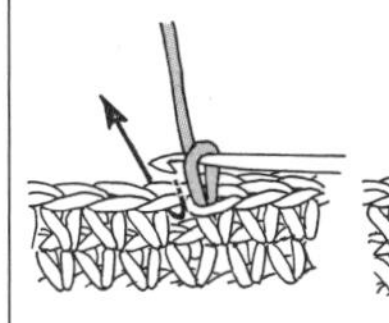

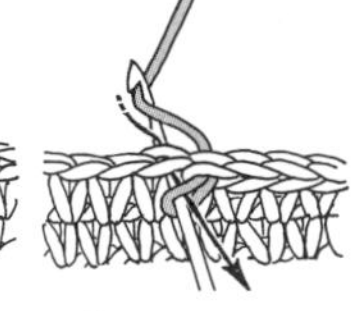

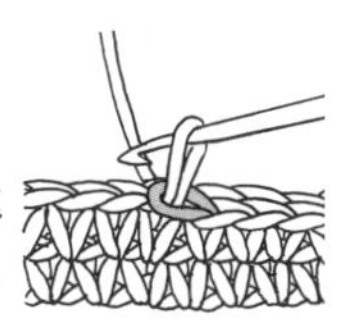

1 在前一行的针脚中插入钩针。

2 针头挂线。

3 将线一次性拉出。

4 1 针引拔针完成。

短针

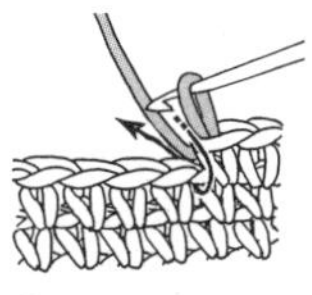

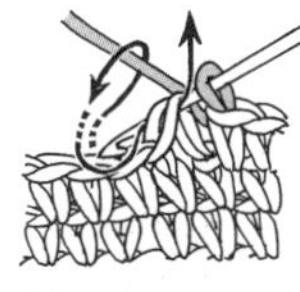

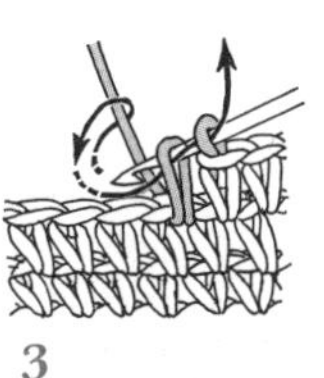

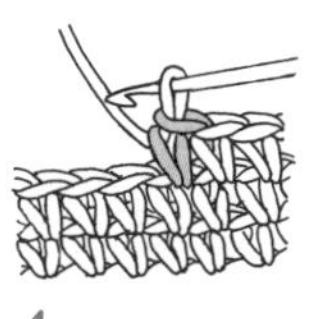

1 在前一行的针脚中插入钩针。

2 针头挂线，将线圈拉出至内侧（拉出后的状态叫作“未完成的短针”）。

3 针头再次挂线，一次性引拔穿过 2 个线圈。

4 1 针短针完成。

中长针

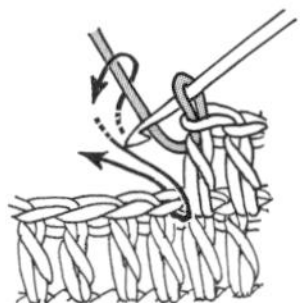

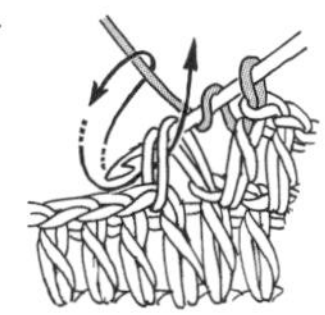

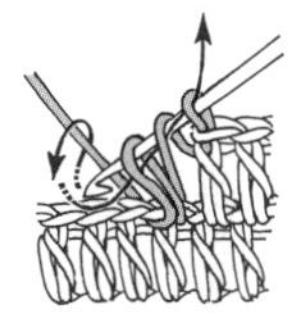

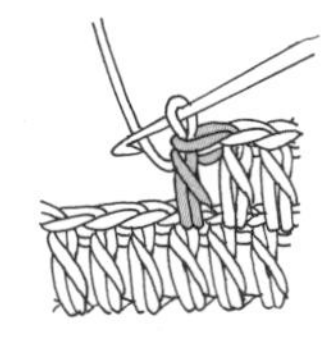

1 针头挂线后，在前一行的针脚中插入钩针。

2 针头再次挂线，将线圈拉出至内侧（拉出后的状态叫作“未完成的中长针”）。

3 针头挂线，一次性引拔穿过 3 个线圈。

4 1 针中长针完成。

长针

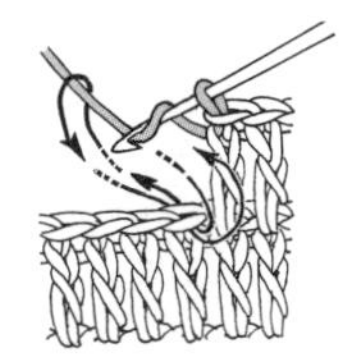

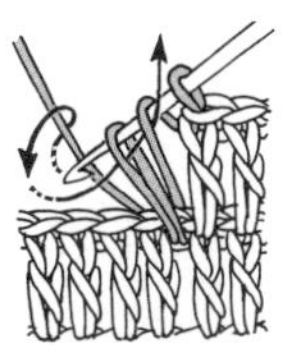

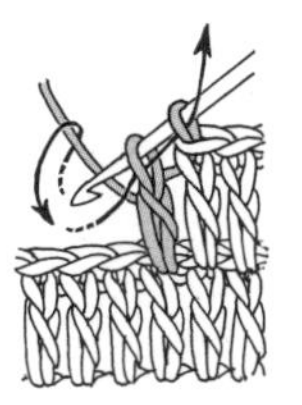

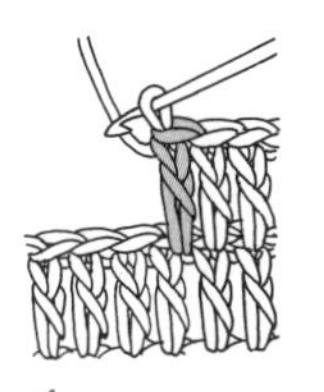

1 针头挂线，在前一行的针脚中插入钩针。再次挂线后拉出至内侧。

2 如箭头所示，针头挂线后引拔穿过2个线圈（引拔后的状态叫作“未完成的长针”）。

3 针头再次挂线，引拔穿过剩下的 2 个线圈。

4 1 针长针完成。

长长针　3卷长针 =（●）　6卷长针 =（▲）

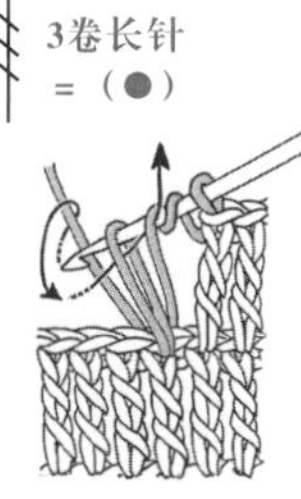

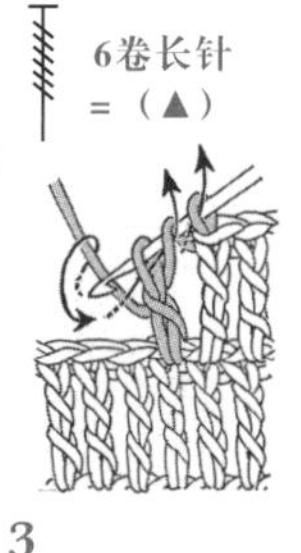

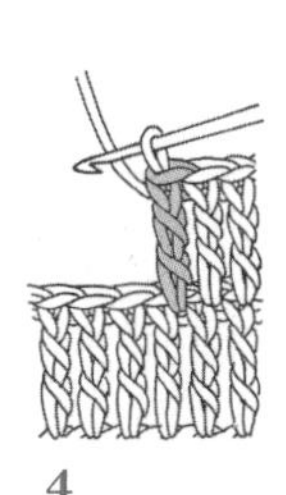

1 在针头绕 2 圈线（●=3 圈，▲=6 圈），在前一行的针脚中插入钩针。再次挂线，将线圈拉出至内侧。

2 如箭头所示，针头挂线后引拔穿过 2 个线圈。

3 重复相同操作 2 次（●=3次，▲=6次）。
※重复1次（●=2次，▲=5次）后的状态叫作“未完成的长长针”（●=3卷长针，▲=6卷长针）。

4 1 针长长针完成。

短针1针放2针

1
钩1针短针。

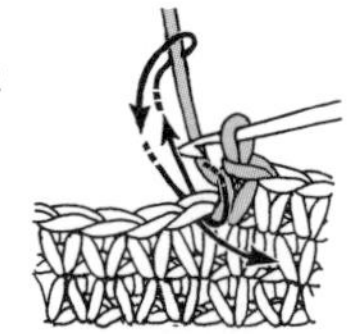

2
在同一个针脚中插入钩针将线圈拉出，钩织短针。

短针1针放3针

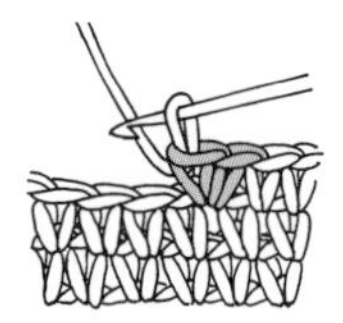

3
短针1针放2针完成后的状态。在同一个针脚中再钩1针短针。

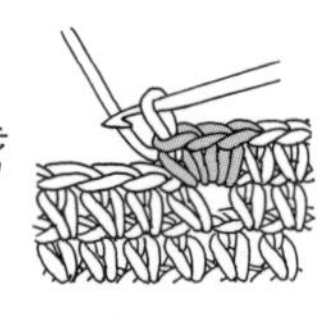

4
在前一行的1针里完成1针放3针后的状态，比前一行多了2针。

短针2针并1针

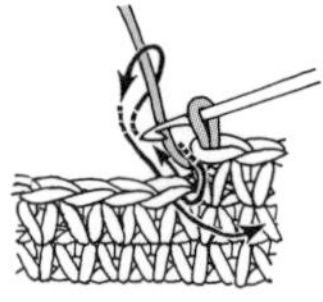

1
如箭头所示，在前一行的针脚中插入钩针，将线圈拉出。

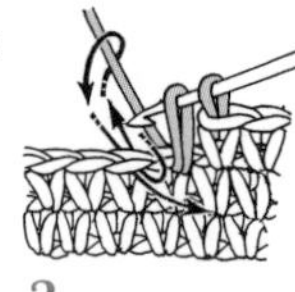

2
按相同要领再从下一个针脚中拉出线圈。

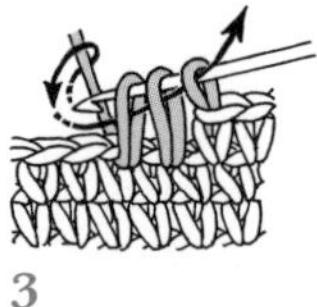

3
针头挂线，如箭头所示一次性引拔穿过3个线圈。

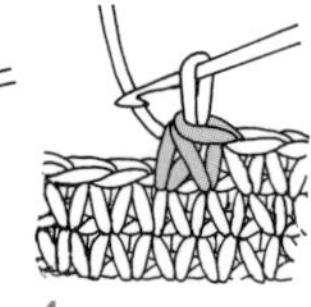

4
短针2针并1针完成，比前一行少了1针。

长针1针放2针

※2针以上或者长针以外的情况，也按相同要领在前一行的1个针脚中钩织指定针数的指定针法。

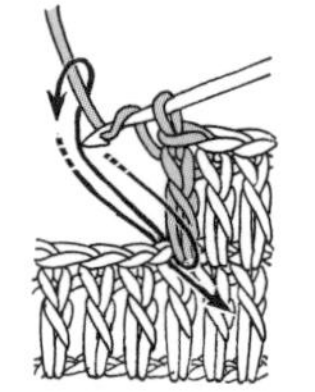

1
钩1针长针。针头挂线，在同一个针脚中插入钩针后挂线拉出。

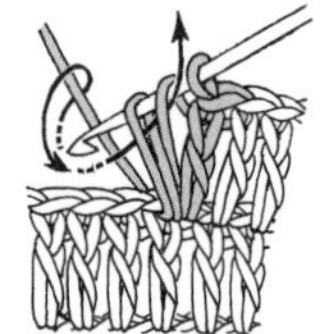

2
针头挂线，引拔穿过2个线圈。

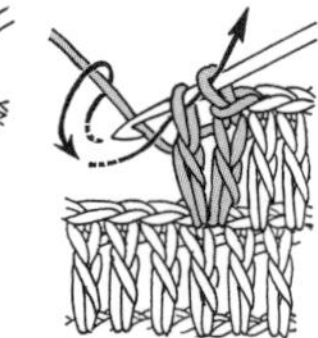

3
针头再次挂线，引拔穿过剩下的2个线圈。

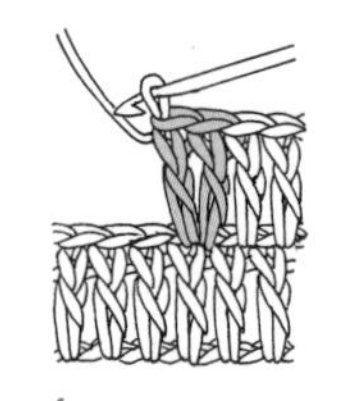

4
长针1针放2针完成，比前一行多了1针。

长针2针并1针

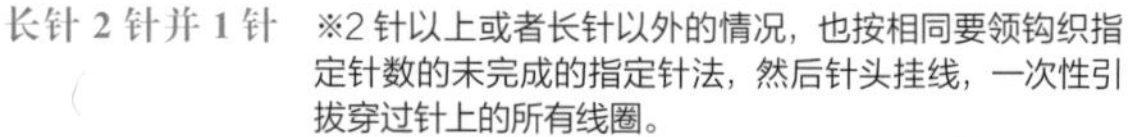

※2针以上或者长针以外的情况，也按相同要领钩织指定针数的未完成的指定针法，然后针头挂线，一次性引拔穿过针上的所有线圈。

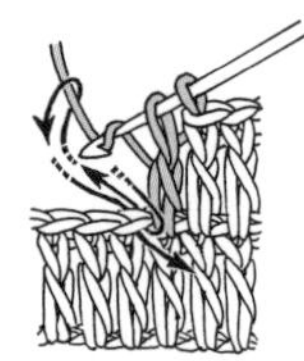

1
在前一行的1个针脚中钩1针未完成的长针（参照p.77），接着针头挂线，如箭头所示在下一个针脚里插入钩针，挂线后拉出。

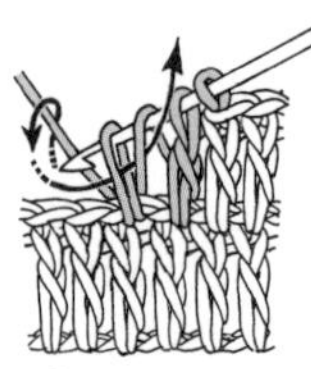

2
针头挂线，引拔穿过2个线圈，钩第2个未完成的长针。

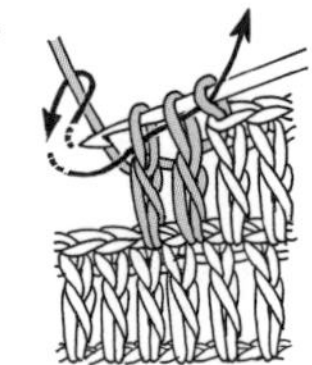

3
针头挂线，如箭头所示一次性引拔穿过3个线圈。

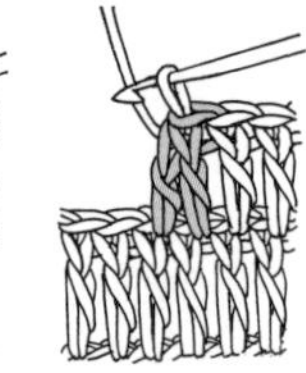

4
长针2针并1针完成，比前一行少了1针。

3针锁针的狗牙针

※3针以外的情况，在步骤1钩织指定针数的锁针，然后按相同要领引拔。

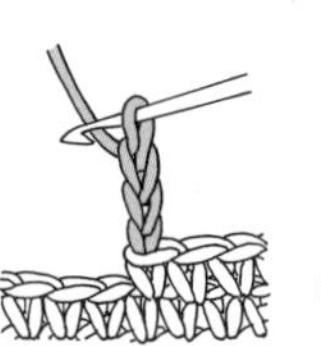

1
钩3针锁针。

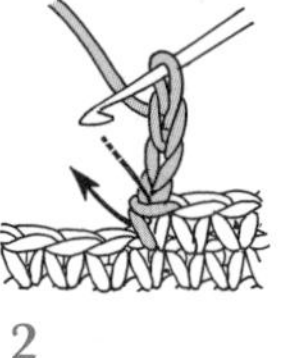

2
在短针头部的半针和根部的1根线里插入钩针。

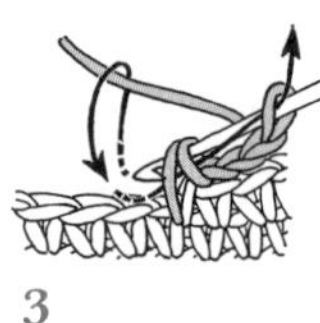

3
针头挂线，如箭头所示一次性引拔。

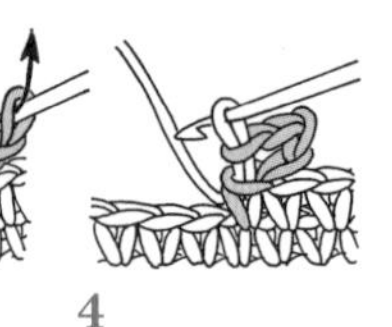

4
3针锁针的狗牙针完成。

3针长针的枣形针

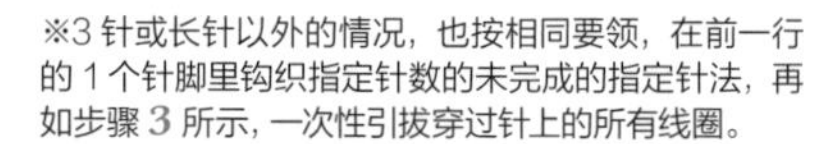

※3针或长针以外的情况，也按相同要领，在前一行的1个针脚里钩织指定针数的未完成的指定针法，再如步骤3所示，一次性引拔穿过针上的所有线圈。

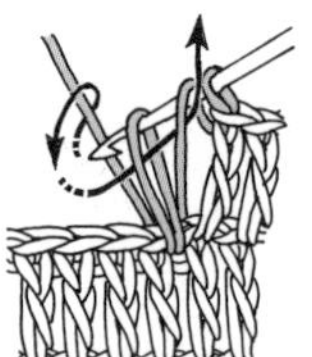

1
在前一行的针脚中钩1针未完成的长针（参照p.77）。

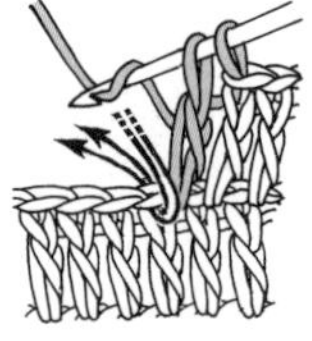

2
在同一个针脚中插入钩针，接着钩2针未完成的长针。

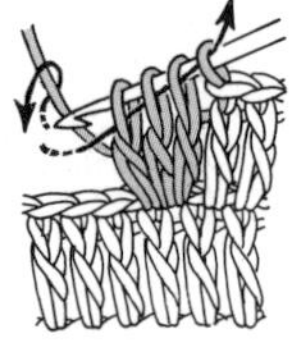

3
针头挂线，一次性引拔穿过针上的4个线圈。

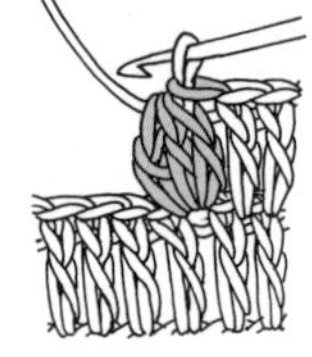

4
3针长针的枣形针完成。

5针长针的爆米花针

1
在前一行的同一个针脚中钩5针长针，暂时取下钩针，如箭头所示在第1针长针的头部以及刚才取下的线圈里重新插入钩针。

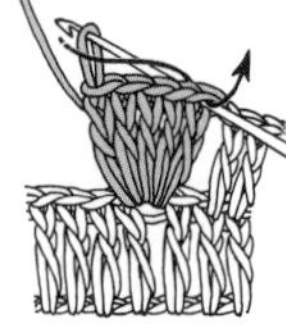

2
直接将线圈拉出。

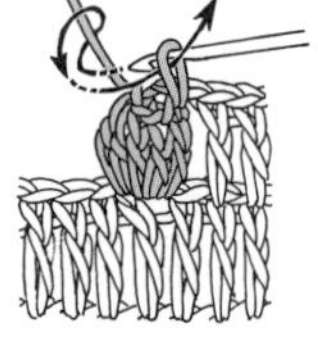

3
再钩1针锁针，收紧针脚。

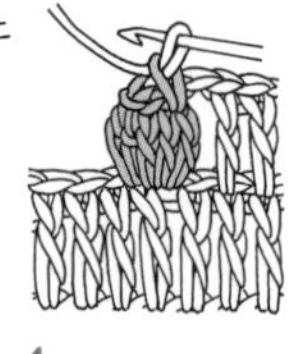

4
5针长针的爆米花针完成。

3针中长针的变化枣形针

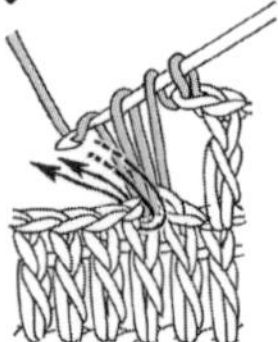

1
在前一行的针脚中插入钩针，钩3针未完成的中长针（●=4针）。

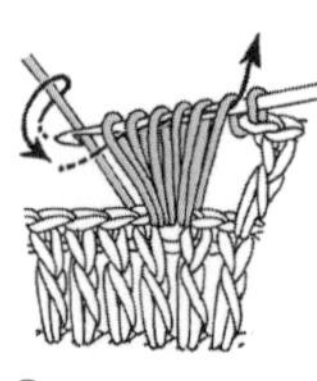

2
针头挂线，如箭头所示引拔穿过6个线圈（●=8个线圈）。

4针中长针的变化枣形针 =（●）

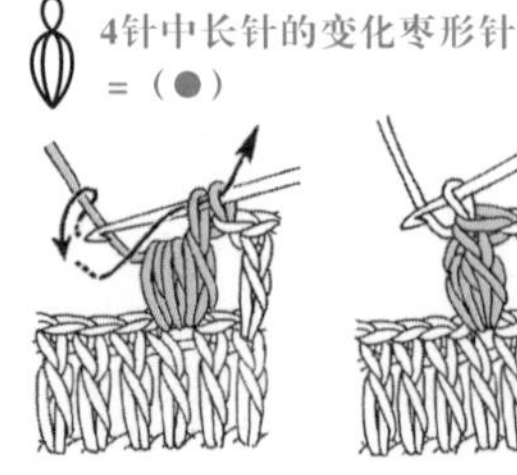

3
针头再次挂线，一次性引拔穿过剩下的线圈。

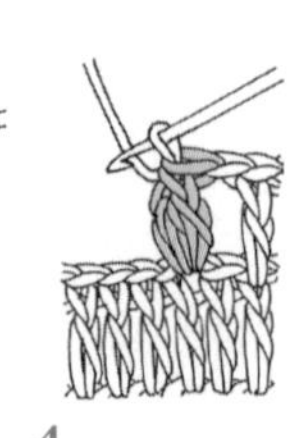

4
3针中长针的变化枣形针完成。

短针的条纹针

※ 短针以外的条纹针也按相同要领，在前一圈的外侧半针里挑针钩织指定针法。

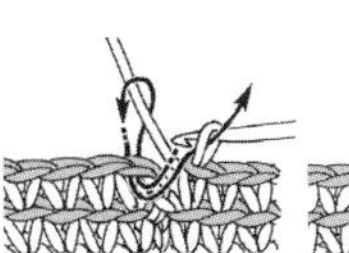

1
每圈看着正面钩织。钩 1 圈短针，在起始针里引拔。

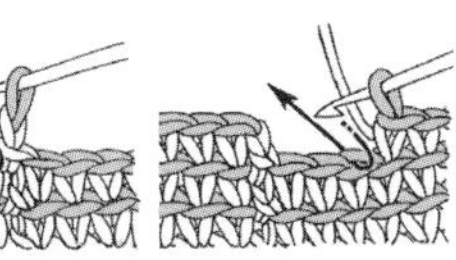

2
钩 1 针起立针，接着在前一圈的外侧半针里挑针钩短针。

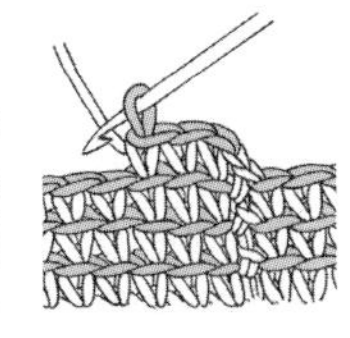

3
按相同要领重复步骤 2 继续钩织短针。

4
前一圈的内侧半针呈现条纹状。图中为钩织第 3 圈短针的条纹针的状态。

外钩长针

※ 长针以外的情况也按相同要领，如步骤 1 箭头所示插入钩针，钩织指定针法。
※ 往返钩织中看着反面操作时，按内钩长针钩织。

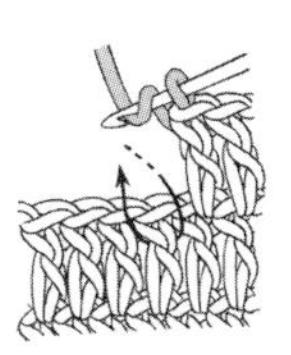

1
针头挂线，如箭头所示从正面将钩针插入前一行长针的根部。

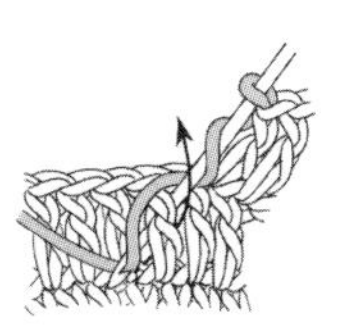

2
针头挂线后拉出，将线圈拉得稍微长一点。

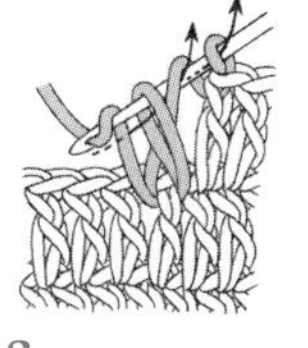

3
针头再次挂线，引拔穿过 2 个线圈。重复 1 次相同操作。

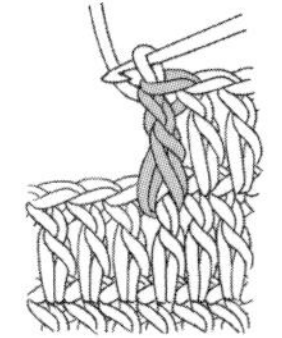

4
1 针外钩长针完成。

外钩短针

※ 往返钩织中看着反面操作时，按内钩短针钩织。

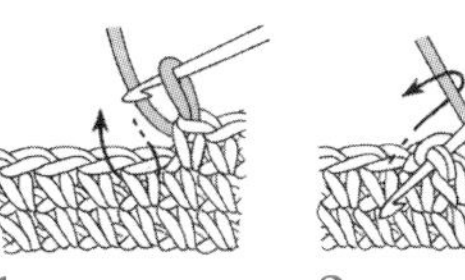

1
如箭头所示在前一行短针的根部插入钩针。

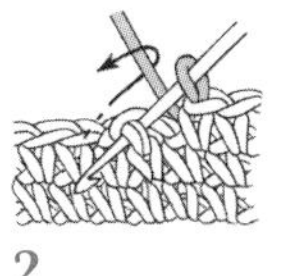

2
针头挂线后拉出，将线圈拉得比短针稍微长一点。

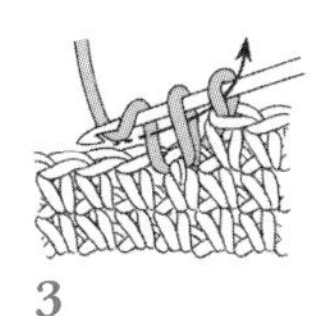

3
针头再次挂线，一次性引拔穿过 2 个线圈。

4
1 针外钩短针完成。

内钩短针

※ 往返钩织中看着反面操作时，按外钩短针钩织。

1
如箭头所示，从反面将钩针插入前一行短针的根部。

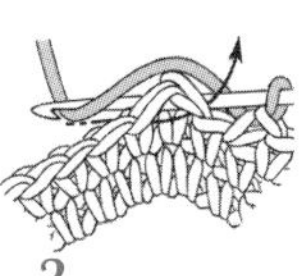

2
针头挂线，如箭头所示将线拉出至织物的后侧。

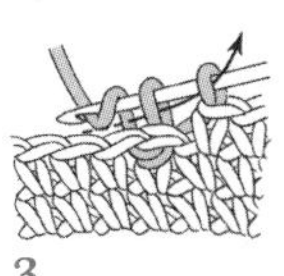

3
将线圈拉得比短针稍微长一点，针头再次挂线，一次性引拔穿过 2 个线圈。

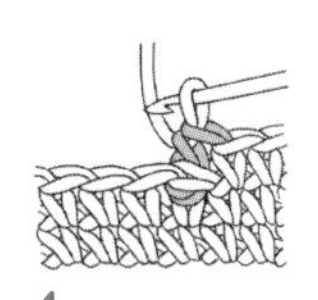

4
1 针内钩短针完成。

✤ 卷针缝

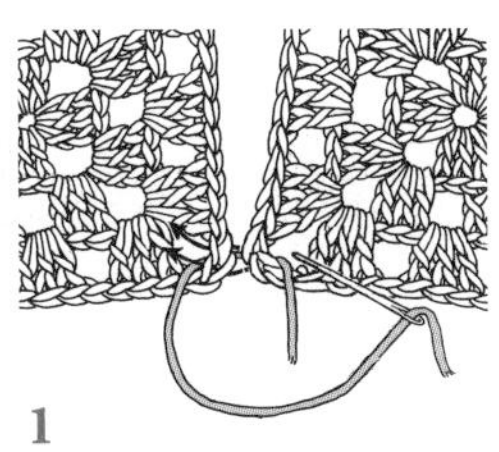

1
将织片正面朝上对齐，挑起每针头部的 2 根线进行缝合。在缝合起点和终点的针脚里各挑 2 次针。

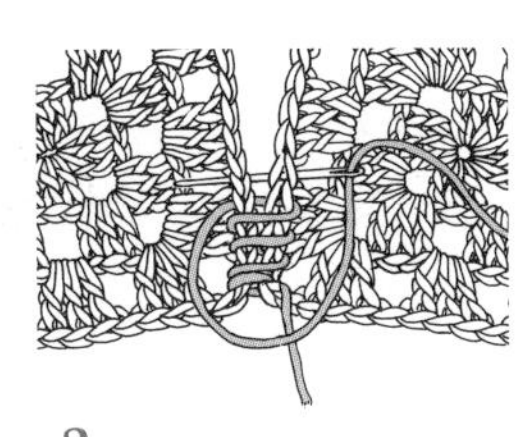

2
一针一针地挑针缝合。

3
缝合至末端的状态。

挑取半针的卷针缝方法
将织片正面朝上对齐，挑起外侧半针（针目头部的 1 根线）进行缝合。在缝合起点和终点的针脚里各挑 2 次针。

✤ 条纹花样的钩织方法（环形钩织时，在一圈的最后换线的方法）

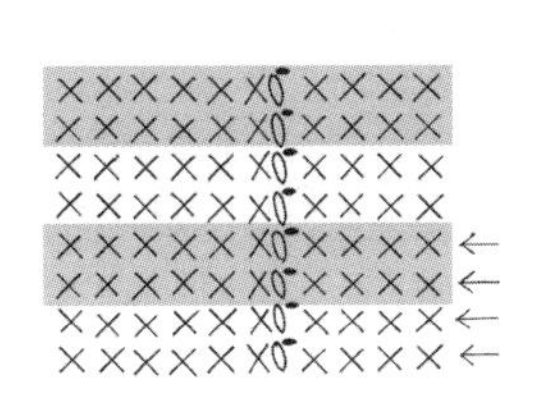

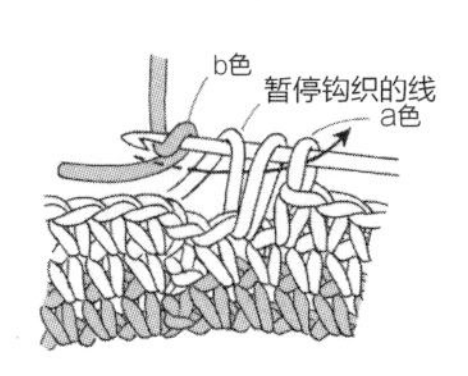

1
在一圈的最后钩织未完成的短针，将暂停钩织的线（a 色）从前往后挂在钩针上，用下一圈要钩织的线（b 色）引拔。

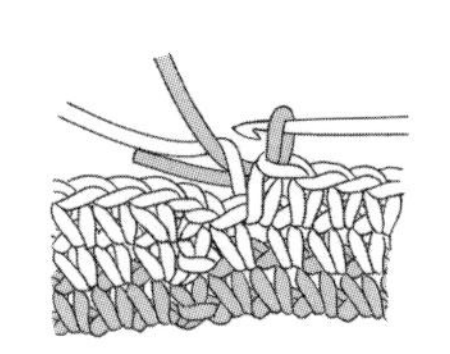

2
引拔后的状态。将 a 色线放在织物的后侧暂停钩织，在第 1 针短针的头部插入钩针，用 b 色线引拔成环。

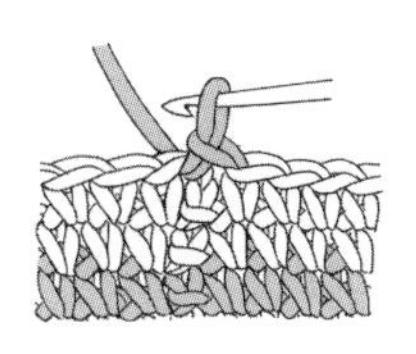

3
连接成环的状态。

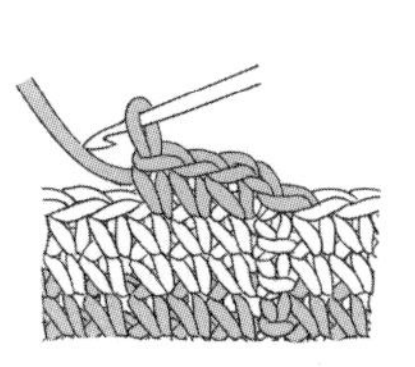

4
接着钩 1 针立起的锁针，继续钩织短针。

⚜刺绣基础

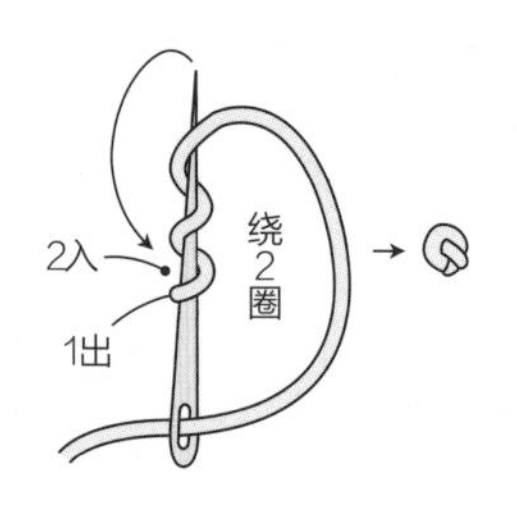

法式结

日文原版图书工作人员

图书设计	弘兼奈美
摄影	小塚恭子（作品）本间伸彦（步骤详解、线材样品）
造型	绘内友美
作品设计	池上舞　今村曜子　远藤裕美　冈真理子 镰田惠美子　河合真弓　松本薰
钩织方法说明	佐佐木初枝　堤俊子　西村容子　矢野康子
制图	TAMA 工作室　高桥玲子　矢野康子
步骤协助	河合真弓
钩织方法校对	西村容子
策划、编辑	E&G CREATES（薮明子　上田佳澄）

※ 为了便于理解，重点教程的步骤分解图片中使用了不同粗细和颜色的线。
※ 由于印刷方面的关系，线的颜色可能与所标色号存在一定差异。

材料提供
【和麻纳卡株式会社】TEL. 075-463-5151
邮编：616-8585 京都市右京区花园薮之下町2-3

【横田株式会社 · DARUMA】TEL. 06-6251-2183
邮编：541-0058 大阪市中央区南久宝寺町2-5-14

摄影协助
AWABEES
邮编：151-0051 东京都涩谷区千驮谷3-50-11明星大厦5F
TEL. 03-5786-1605

UTUWA
邮编：151-0051 东京都涩谷区千驮谷3-50-11明星大厦1F
TEL. 03-6447-0070

原文书名：1年中楽しめるかぎ針編み　フラワーモチーフとこもの
原作者名：E&G CREATES

著作权合同登记号：图字：01-2020-4155

图书在版编目（CIP）数据

悠然惬意的四季花片钩编 / 日本E&G创意编著；蒋幼幼译. -- 北京：中国纺织出版社有限公司，2021.1（2024.9重印）

ISBN 978-7-5180-7835-6

Ⅰ. ①悠… Ⅱ. ①日… ②蒋… Ⅲ. ①钩针－编织－图集 Ⅳ. ① TS935.521-64

中国版本图书馆 CIP 数据核字（2020）第 169415 号

责任编辑：刘　茸　　特约编辑：关　制　　责任校对：王花妮
装帧设计：培捷文化　　责任印制：储志伟

中国纺织出版社有限公司出版发行
地址：北京市朝阳区百子湾东里 A407 号楼　邮政编码：100124
销售电话：010—67004422　传真：010—87155801
http://www.c-textilep.com
中国纺织出版社天猫旗舰店
官方微博 http://weibo.com/2119887771
北京华联印刷有限公司印刷　各地新华书店经销
2021 年 1 月第 1 版　2024 年 9 月第 5 次印刷
开本：889 × 1194　1/16　印张：5
字数：90 千字　定价：49.80 元

凡购本书，如有缺页、倒页、脱页，由本社图书营销中心调换